永遠都是第一天

ALWAYS DAY ONE

How the Tech Titans Plan to Stay on Top Forever

五大科技巨擘如何因應變局
不斷創新、維繫霸業

艾歷克斯·坎卓維茨 著
Alex Kantrowitz

周慧 譯

獻給所有想要成功的人

目錄

第2章

第3章

第4章

第7章 未來的領袖

序

祖克柏會面記

二〇一七年二月，馬克．祖克柏（Mark Zuckerberg）要我到加州緬洛園（Menlo Park）他們公司總部去見個面。這是我第一次和臉書執行長好好坐下來講話，結果，真沒想到。

那時他的公司呢，老樣子，又惹上麻煩了。畢竟這家公司急於推動產品成長卻不願稍加節制，任令產品充斥誤導、聳動、暴戾圖像等等，就是坐視不管。看來祖克柏是想談一談了，我急著一聽究竟。

臉書的總部大樓占地廣大、開闊，鋼筋混凝土蓋的長條建築走進去教人膽寒。總計開了九處門廳，入內要通過兩層保全，警衛還要你先簽一份保密協議才會放你踏出下一步。進了大樓，好不容易摸到會議廳，只見四面都是玻璃牆，落在萬般事物的中央，祖克柏就在這裡開會。他正在和他們的營運長雪柔．桑柏格（Sheryl Sandberg）講話，結束後，他請我和同行的編輯麥特．霍南（Mat Honan）進去，隨便外面有誰走過都能把裡面看得清清楚楚；我們就這樣子開講了。

那時祖克柏正在賣力寫他的「宣言」，五千七百字的說明文，針對臉書頻遭眾人非議的內容，旁及臉書在用戶生活中的角色，逐項略述一番。我入內時心裡還想，應該有標準的執行長官腔傳進耳裡吧：先來一頓長篇大論，之後才留短短一段時間給你提問。不過，祖克柏倒是提綱挈領說過開場白後，就馬上切向意見回饋，「我們講的這些事，可有什麼你覺得沒寫進去的？」他問我，「有漏掉的嗎？」

我作答時，祖克柏聽得很專心。沒動也沒分神。看他的反應——聽到我說臉書吹噓太多自家有多厲害的事，他先是委婉反駁一下緊接著就承認了——明顯可見他不是隨口作樣子就好的。我以前從沒見過哪個執行會長這樣子的，更別談還是個執拗出名的人。感覺不太對勁，值得追究一下。

那次見面過後，我逢人能問就問祖克柏為什麼格外愛聽別人回饋意見。他一般就是這樣的嗎？他問過你嗎？幾次之後，我有了答案：聽別人回饋意見，不過是他經營臉書的門道裡露出的一道縫而已。聽取意見是被祖克柏嵌在臉書的骨血肌理內的。大型會議最後都是以聽取意見作結。臉書各辦公室裡，隨目可見一張張海報都在宣揚「回饋便是贈禮」。公司上下沒一個人不奉為圭臬，祖克柏也不例外。

由於身在矽谷擔任科技記者，因而有幸搶在第一排見證科技巨擘稱霸所走的特異路線。企業的生命周期一般是成長、趨緩、撲跌、僵化這樣的進程；然而，蘋果、亞馬遜、臉書、谷歌、微軟卻是實力與時俱進，年歲愈長愈是強大。而且，這幾家的腳步還看不出多少放慢的跡象——蘋果大概是例外吧（後文再作詳述）。

我在四處奔波採訪時，看了這幾家公司與眾不同的內部作業，著實稱奇。例如，訪問過那麼多執行長，我一直認定全球頂尖的執行長都是天生的推銷員，擅長發揮自己的人格魅力來吸引眾人擁護他勾畫的前景。可是，看看祖克柏，還有他這幾個同道——亞馬遜的傑夫・貝佐斯（Jeff Bezos），谷歌的桑達爾・皮查伊（Sundar Pichai），微軟的薩提亞・納德拉（Satya Nadella）——卻個個都是學有專精的工程師，喜歡的是帶動而不是說教，做的是提問而不是回答。不叫賣，但會多聽、多學。

緬洛園那次會面之後，我便針對科技巨擘的內部作業——領導、文化、科技、流程等等——開始大規模開挖了，心想他們這麼成功不知是否和他們獨樹一幟的作法有關？待後來我抓出了共通的模式，其間的關係便昭然若揭了。接著我開始專心挖掘他們到底是哪裡與眾不同，又為什麼有這樣的效用。歷經兩年追索，累計一百三十多場訪談，這一場旅程最終得出了這樣一本著作。

各位之後讀到的，便是這幾家科技巨擘奪得霸權、維繫霸業的配方。這本書談的是文化、領導，但要是看得再廣一點，講的還是創意和發明，以及聯絡二者的路徑。值此時代——新產品轉瞬即能問世，挑戰無時或歇，優勢從不保險——這才是企業經營的新模式。這些科技巨擘的作業方式之所以能夠與眾不同，靠的是內部自用的技術，大多還是自行研發出來的，也才能搶先挖出這樣的新配方來用。這樣的配方公諸於世，此其時矣。

書裡詳談的這幾家公司並非十全十美——差得遠了。他們可是會恣意追求成長，壓榨員工血汗，明顯濫用科技卻視而不見，內部的異議要是高昂一點還會被人秋後算帳。這些過激的手段惹得美國政府考慮立法多加節制，政界甚至主張這些公司應該大卸八塊才好。這些大多有理有據。所以，在此要明白表示：本書講的不是成長，不是成長駭客（growth hacking）[1]，也不是打倒小一點的公司。本書講的重點在打造創新的文化，我認為這一點才是值得眾人學習的。即使著眼點是在約束這樣的公司，那麼，了解他們內部體系是怎麼運作的，自然也屬於戰略優勢。面對疾病，不僅看症狀也了解其間的生理學，才有助於診斷得當。

科技巨擘的私房配方要是不外流，其外的廣大企業界——還有稽查這些企業的監管機構——可就落居下風了。獨家祕方拿到手裡，才有機會把擂台擺正，求得公平的賽局。

1 編按：指由科技業初創公司發展出來的行銷技術，使用包括創意、分析性思考，以及社交數據等主要元素，以低成本的創新行銷手法來替代傳統的行銷手法。

導論

永遠當作第一天

二〇一七年三月，亞馬遜召開全員大會，貝佐斯一身簡潔俐落的裝束，自信滿滿，站在幾千名員工面前低頭看著眼前的一疊小卡片，唸出事先交上來的問題，不過表情有一點失望。「好，我想這一個問題算是很重要吧，」貝佐斯說，「那第二天會怎樣？」

此前二十五年，貝佐斯一直要員工每天上工都要當作是亞馬遜開張第一天來做。如今，亞馬遜奔赴破兆的市值，一年增加近十萬名員工，有一名員工（大概有一點想）要貝佐斯考慮一下進入第二天吧。

「那第二天會怎樣？」貝佐斯問他們，「第二天就停滯不前了，接著就無足輕重了，再接著一路走下坡，很難堪、很痛苦，再接著，一命嗚呼。」

與會眾人哄堂大笑。場內幾千名亞馬遜員工眼看有不知名的同事大膽去踩亞馬遜的「第三軌」[2]紅線，馬上就被貝佐斯宰了，自然看得痛快。眾人響起掌聲，貝佐斯頓一下，微微一笑，替這次會議作收尾。他說：「所以才會永遠都要當作第一天來做啊。」

「第一天」在亞馬遜隨處可見。有一棟主樓用了這名稱，公司的部落格叫這，貝佐斯每年寫給股東的信屢屢以這作主題。雖然我看這幾個字，很想解釋成他是要大家埋頭苦幹都別給我停，特別是在亞馬遜這樣以拚命出名的公司，但其實其中自有深意。

「第一天」在亞馬遜就是代號，意思是要像新成立的企業那樣不斷創新，別去管什麼遺澤遺風。這是體會到當今的競爭對手都可以用破紀錄的速度去創造新產品——拜人工智慧進步之賜，尤其是雲端運算——那還不如放眼未來放手去做，甚至犧牲目前也無妨。比起以前的經濟霸主像是通用汽車（GM）、埃克森美孚（Exxon）的路數——發展核心優勢，據守江山，誓死捍衛——亞馬遜的路數可是大相逕庭。守著既有業務一路坐大，於今不再是可行的選項。財星五百大企業在一九二〇年代的平均壽命是六十七年，到了二〇一五，只守得住十五年了。所以，第二天會怎樣？很像會死。

亞馬遜當年從網路書店起家時，就一直拿「第一天」作安身立命的真言，始終都在撒開手腳創立新的業務，無所顧忌，至於會不會打擊到既有的收益流，他們從沒放在心上。這家公司還是叫作書店，但說是票據交換所也可以，想得出來的產品他們都有，另外還有生意興隆的第三方市場，縱橫世界的物流作業，拿過奧斯卡獎的電影公司；他們既是雜貨商，也是雲端服

2 編按：third rail，意指政治上極具爭議性、不能碰的問題。

務供應商，有語音運算作業系統；他們是硬體製造商，也有機器人公司。亞馬遜每次推出創新之後，必定回到第一天，再去想下一步要怎麼走。

「我手裡的亞馬遜股票多得很，」億萬富翁馬克・庫班（Mark Cuban）二〇一九年七月跟我說過，「價值多少呢，那要看它現在在搞什麼，說是好幾十億也可以。而我有他們的股票，就是因為他們在我眼裡是全世界最出色的初創企業（startup）。」

環顧現今的幾家科技巨擘，準會看出他們的路線都差不多。谷歌是以搜尋網站起家，但是後來再推出瀏覽器擴充功能（Stay Tuned）、瀏覽器（Chrome）、語音助理（Google Assitant），孕育出首屈一指的行動作業系統安卓（Android）。谷歌每一推出新產品，都是在挑戰既有的品類。然而，即使一再回頭走向第一天，谷歌始終雄踞巔峰。

臉書一樣數度回頭走向第一天。這間公司原是從線上通訊錄起家，後來以「動態消息」（News Feed）改頭換面，如今又要再度變身，從一視同仁的公告周知（broadcast sharing）轉向看關係親近的親友分享（intimate sharing）：他們把「動態消息」轉給臉書社團（Facebook Groups）——小規模的網路社群——改將即時通訊奉為一等公民。當今產業論起變幻莫測，就以社群媒體為第一，臉書至今可還是領袖群倫。

不過沒多久前，微軟創新的黃金歲月可有一點像明日黃花了。因為這家公司死守 Windows 的老本，差一點就任前程從身邊溜走。但是，打從史提夫・鮑默（Steve Ballmer）交棒納德拉，微軟也一樣重回第一天，而且是投身雲端運算不再回頭——這可是危及 Windows 這類桌面作業系統的重大威脅——但是，微軟也因此再度蛻變，成為世上價值最高的公司。

蘋果在史提夫．賈伯斯（Steve Jobs）麾下開發出 iPhone，搞得 Mac 那樣的桌上型電腦以及 iPod 那類的隨身聽，風光一去不返，但也為公司打下多年輝煌的戰績。如今，蘋果卻也步上 Windows 的後塵，必須將 iPhone 的正統寶座拋到腦後，改頭換面，以求在語音運算擅場的年代保住自家的競爭力。

亞馬遜在西雅圖聯邦湖南（South Lake Union）蓋的辦公園區，有一棟新大樓就叫作「再創新」（Reinvent）。世上頂尖的公司用上這樣的詞，很奇怪。但在今天的商業世界，走到第二天等於找死，「再創新」確實是存續的關鍵所在。

動腦 vs. 動手

經營創新路線的公司，不是單靠講講話、傳訊息就做得成的。這需要把公司應該怎麼經營重新想過一遍；由於大家剛剛經歷過一場工作模式的大革命，這也算是做得到了。

當今的工作可以分成兩類，一是動腦去思考，一是動手去執行。

動腦：只要做出新穎的東西就成——作白日夢夢到前所未有的點子，想出怎麼讓點子成真，也起身付諸實現。

動手：點子成真之後，舉凡加以支持的便是——例如採購產品、輸入數據、結帳、維護等等。

工業經濟幹的活兒，幾乎全是動手去執行的事。公司的創辦人提出點子（我們來做個東西吧！），然後雇用人手只要替他把東西做出來就好（也就是待在工廠裡把他要的東西做出來）。到了一九三〇年代，大家才開始從工廠主宰的經濟朝思考主宰的經濟挪步——也就是大家說的「知識經濟」。

現今是知識經濟當道，動腦才是王道，一般人卻把時間大多耗在動手上面。每一推出新產品或服務，接下來的時間便都耗在支持服務和產品，而不再去構想其他的了。例如你要是賣服裝的，你每一件設計都要動用繁重的執行工作：訂價、採購、庫存管理、販售、行銷、運送、收益。這些事情還要有額外的工作來支持才撐得住，像是人力資源、合約、會計方面的基本事務。

執行的事情相當繁重，單有某一類核心業務的公司幾乎沒辦法去發展出別的業務來作支持——克雷頓．克里斯汀生（Clayton Christensen）說這是「創新的兩難」（innovator's

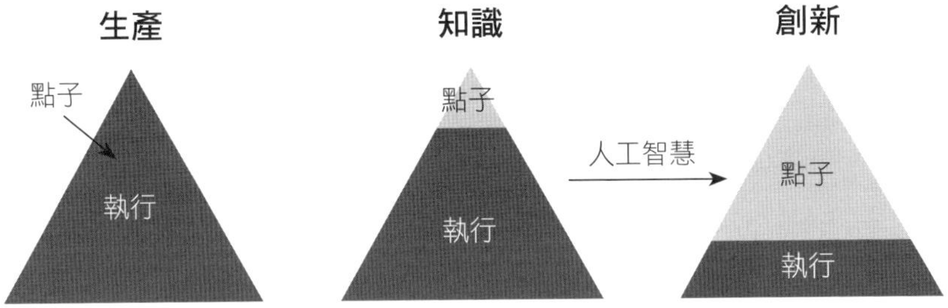

dilemma）。試過的，幾乎全都撤退，要不就是發覺同時支撐多項業務殆無可能。俄亥俄州立大學的經濟學者奈德・希爾（Ned Hill）跟我說過：「通用汽車過去做過很多不是汽車的東西，」像是冰箱、火車頭，「跟八爪章魚一樣，只是照顧不過來。」

現今的公司泡在執行的工作裡不見天日，不得不專心求精，無暇求新。公司的領導人就算很想培養創新的文化，頻寬也力有未逮。所以改將屈屈幾個創意從上往下發送，交由眾人去執行、琢磨也就罷了。

然而，如今要從求精轉向求新，卻突然不像水中撈月了。人工智慧、雲端運算、協作技術的進展，讓既有的業務不再需要那麼繁重的執行工作便撐得起來，公司也就有力氣去將新穎的創意化作現實，並維持下去。這些工具，便是辦公軟體研發爆炸、營運效率提高之後進一步的發展，人工智慧還在推波助瀾搞超速。專家認為人工智慧有助於大家多做一些「創造型」或「人在做」的事情。不過，要再說得更精準，應該是：人工智慧有助於大家多做發明的事。幾家科技巨擘之所以稱霸，我認為背後應該以這為一大因素。

科技巨擘推動新一波致能（enabling）技術前行，循而發現怎樣去將執行工作壓到最少的竅門。這樣就空出地方來供新穎的點子孕生，也才可以讓他們將點子化作現實。他們的文化因此支持的是求新，而非求精。凡是有礙新意在公司內運行的，他們都會排除，以求將新意中的精華付諸實現。說起來簡單，做起來複雜，但這才是點石成金的法門。

有一陣子，我一直以為科技巨擘手裡凌駕眾人的優勢應該還能掌握多年不去。但後來，我到邁阿密去了一趟。

邁阿密奇蹟

美國饒舌歌手西羅・格林（Cee Lo Green）大概從沒嚮往過哪一天他能在企業聚會裡面獻唱。不過，這位體型壯碩的尖嗓子歌手，二〇一八年十月那時倒還樂在其中。那一天他站在一大群人面前：一千一百名專業人士，衣服上身戴著名牌，四處寒暄、看手機，忙著在邁阿密海灘這一家ＬＩＶ夜店裡佈建人脈。

這些戴著名牌的專業人士大口吃牛肉片、墨西哥青椒烤起司通心粉、藍蟹燉飯，在露天酒吧狂歡，格林混跡其間也不乏樂子。他拿自己最紅的歌來打趣——歌名就叫〈去你的〉（Fuck you），但要上電台播放就會改叫〈忘掉你〉（Forget you）——捧一捧聽眾的成就。他在台上遊走，穿了一襲連身褲，戴著墨鏡，對他們說：「你們都在慶祝自己是人生勝利組，對吧？」

〈去你的〉開頭幾節響徹LIV，眾人馬上瘋狂起來，格林咧嘴露出大大的笑容，給大家的熱勁加一把火。「你要是有事情一定要喊『去你的』才痛快，那就趁現在快喊！」

格林在LIV演出，本來沒什麼大不了，只不過這是UiPath辦的大會開場。UiPath這家公司沒什麼名氣，只是你用電腦時他們的軟體看得到你的螢幕，再加一些軟體用的標籤，就可以將你做的事情自動化。UiPath和其他同類型公司接下來幾年正一步步在將千萬種工作自動化，所以，這下子那一聲聲「去你的」，可就有一點刺耳了。

格林那一場演出前幾個月，我就聽到風聲說UiPath有可能會改變職場工作的性質，而且還很可能就這樣子拉著企業界大規模朝科技巨擘的工作路數靠攏。同年秋天，投資客為這公司奉上兩億兩千五百萬美元，我便決定帶著筆電到南灘（South Beach）去一探究竟了。

我發覺UiPath做的是把一般人在電腦上做的例行工作，用很簡單的方式加以自動化。他們的軟體可以觀察你的滑鼠怎麼走、怎麼點，略加一點引導，就能搞清楚你是怎麼做事的。一大堆執行的工作，幾乎像是無可計數，就可以由（不會實際出現的）UiPath「機器人」包攬下來，像是輸入數據、做報表、填表格、寫公式化文件、發送電子郵件給指定收件人之類的。單在人力資源這邊，這樣的bot（機器人）就可以代寫標準的錄用通知書，把新晉員工登錄進各種福利制度裡去；必要時，也可以代發解聘通知。

這類執行事務在千萬人的日常工作占了很大的分量，所以，不少全球知名的企業——沃爾瑪（Walmart）、豐田、富國銀行集團（Wells Fargo）、聯合健康保險（UnitedHealthcare）還有默克藥廠（Merck）——才會全都跑到邁阿密去交流意見，看他們該怎麼作自動化。

日本銀行三井住友（SMBC）說他們已經用上了一千個 UiPath 的 bot，計劃一年內要再追加一千個。沃爾瑪負責智能自動化的主管阿努．普拉薩那（Anoop Prasanna），也讚美 UiPath 進行自動化的能力，還抱怨他們怎麼沒搞快一點。在 State Auto 這家保險公司負責自動化的荷利．烏赫（Holly Uhl）曾經私下對我透露，UiPath 在十七個月內為她的公司省下了三萬五千小時的人力，而且這數字還在攀升。她說：「一定會再增加。」

那天在大會上，最大的消息是 UiPath 的辦公流程自動化技術會和「機器學習力」——這是可以作多種前瞻決策的人工智慧——作更深入的整合，得出來的結果可會教人目瞪口呆。谷歌主掌機器學習和人工智慧夥伴商業務的納利希．梵卡（Naresh Venkat），也賣弄了一下種種可能的發展，展示谷歌的機器學習力可以和 UiPath 的自動化技術整合，處理申請保險理賠的事情，看不出一絲人工的痕跡。

梵卡在台上播放過影片，影片中有人將車輛受損的多張照片上傳到保險公司的網站，由谷歌的機器學習系統檢視照片，判定修車要花多少錢。之後由 UiPath 在「銷售力」（Salesforce）平台建立顧客檔案，製作立案報告，載明保險賠付，用 Microsoft Word 寫一份簡明的定損文書，再將定損報告分頭傳給顧客和保險公司的代表。

「大概由人在做的事情，有很大一部分都可以作自動化了，」梵卡說時口氣好像還有一點忐忑。「拿理賠申請來看，以前需要十二天才能走完流程的事情，現在兩天就好。以前走完流程要花掉兩千塊左右的事，現在三百塊就成了。」

現在有幾家這樣的「流程自動化機器人」公司正嶄露頭角，奔赴這類技術能力愈來愈大的市場需求，UiPath只是其中之一。UiPath在邁阿密開的那一場「座談聯歡會」過後不到兩個月，UiPath的一大競爭對手Automation Anywhere，就從軟體銀行（Softbank）拿到了三億美元。會授權ＡＩ擁有決策權的公司，谷歌可不是絕無僅有的一家；還有很多公司都有類似的能力，例如微軟、ＩＢＭ、DataRobot、Element.ai。

有這麼廣、資金這麼充裕的推力要將這樣的技術帶向大眾（大眾對這類技術的需求也很明顯），自動化可能沒多久便會進駐世界各地的工作場所，大舉包攬執行類的業務。

「目前作決定的成本已經降低了——有了機器學習力之後，就會再降到幾近零的地步。」佛瑞斯特研究公司（Forrester）的分析師克雷格‧勒柯雷（Craig Le Claire）研究過自動化，他跟我說：「這樣子下去，工作場所可就大不相同了。」

至於這裡說的大不相同會是什麼模樣，同樣派人跑到邁阿密去的沃爾瑪和富國銀行，好像還摸不著頭腦。他們是急著把自動化和人工智慧引進工作場所，但還只是伸腳略試一下水溫而已，大體都還停在我們大多數人站的地方——知道人工智慧的浪潮即將捲來，但抓不準大浪來時會把我們的職業、公司、經濟打成什麼樣子。

然而，還是有幾家公司已經有了真實存在的「未來辦公室」；看看他們是怎麼適應的，有助於了解我們到底是走向何方。

工程腦

邁阿密那天展示的技術，在科技巨擘那裡都已經是標準配備，用了不少年了。這幾家公司坐擁世上最先進的辦公人工智慧研究部門，不僅將機器學習力植入產品，也建立在自家的工作場所當中。這樣的技術，連同別的精密辦公工具，大幅減少了員工動手執行的力氣，也就增加了他們動腦構想新點子的時間。

科技巨擘要將新的構想付諸實現，就需要將公司經營的路數再檢討一下。當今大多數公司由於揹著執行的重負，因而常是由上而下發送一些構想就好，焦點還放在推銷。也就是因為這樣，所謂見人所未見的眼光（vision），到現在依然是對執行長的最高讚美。公司的成績，向來就只靠執行長和他身邊的小圈子提出來的構想。

不過，貝佐斯、祖克柏、皮查伊、納德拉做的可不是提「創見」，而是「催化」（facilitate）

的推手。他們各自身為亞馬遜、臉書、谷歌、微軟的舵手，乘風破浪的使命便是要員工的構想得以付諸實現，而不是他們自己的。他們還為此特地打造公司的體制。這幾位執行長都是工程師出身——不是全球頂尖企業一般高高在上的推銷大師、金融大佬那種——所以，他們建立的體制也是從他們的出身背景去找靈感。他們營造的創新型文化的核心，我認為可以叫作「工程腦」（engineer's mindset）。

工程腦指的是他們的思考——倒不是技術能力——撐起了他們公司建設、創造、創新的文化。其架構是工程師處理事情一般會用的手法，不過不會只限於某一種職業或是職務層級。工程腦主要體現在這三方面：

創新一概自由平等

工程師始終都要創新。他們做的是建設，不是販賣。有工程腦的人，都曉得創意可以來自任何地方，也懂得打出通道，將構想送到決策者那裡去，一旦要到了綠燈，就再建立起必要的系統，保證構想不會失敗。

下一章我們便要探討貝佐斯是怎樣將員工的智巧、創意傳輸到公司的體制裡去，而他公司體制的設計，也特地著眼在自由平等的基礎上面激發員工的創新力，維持亞馬遜可以始終留步在第一天。

階層組織不是束縛

工程組織自然而然就會是扁平式的。雖然一樣有階層組織，但人員都覺得自己有權去找最高層直接表明想法。這一點有別於傳統的組織；身在傳統組織，越過指揮鏈下情上達，往往會被視為逾矩越權。

第二章我們就要到臉書的內部一遊，探查祖克柏是怎麼透過他建立的回饋文化，將創意、構想從階層組織的束縛裡釋放出來。臉書的員工有什麼構想，都可以直接去找祖克柏說，祖克柏也會消化吸收，在公司裡孕生出來。我們也會檢視他的回饋制度怎麼會在二〇一六年美國總統大選之前失靈，而任令操縱選情的事情趁虛而入——這原本是他們應該料想得到的事。之後，祖克柏又是怎樣輸入新的東西，希望及早糾正過來。

協力合作

工程師做的事情，通常是大計畫裡的某一細部，只是這個小細部萬一失靈，可是會拖垮一整件大計畫（想想看電力網就好）。因為做的是這樣的工作，所以工程師都是合作高手，時時都在和別的團隊溝通，確保大家步伐一致。這樣的心態，正適合將公司派系林立的山頭，拉攏起來一起創造新的東西。

第三章我們就要到谷歌，去看看皮查伊怎樣將公司四散的人才糾集起來進行創新。我們

會把焦點特別放在他們做出「谷歌助理」所需要的多方合作；牽涉到的有谷歌的搜尋功能、硬體、安卓、人工智慧團隊等等。皮查伊運用先進的協作工具將員工集合起來工作，卻也在谷歌內部引發各擁山頭，酸民攻擊，還擴散成大範圍的抗議運動，到現在，谷歌上下都還在學著怎麼應付。

到了第四章，我們就要看看提姆．庫克（Tim Cook）帶領的蘋果——他們的企業文化到目前還是在講見人所未見。蘋果這家公司沒有自由平等的創新文化，沒有無束縛的階層組織，沒有隨意遊走的合作脈絡，也少了有用的內部技術。蘋果等於卡在第二天動彈不得，iPhone 的銷量也慢了下來；所以，他們不作調整不行。

第五章就要前進微軟，納德拉正在用工程腦在他的公司點燃創新的時代。納德拉走的路數和前一任鮑默大相逕庭，偏向本書要談的體制，可以當作個案研究來看。

工程腦並不是會寫程式碼的人才有的。工程腦畢竟是一種用腦狀態，不是電腦技術。工程腦也不是科技巨擘獨有的。小公司一樣用得上，也一樣有效。只是，目前是以幾家科技巨擘一馬當先沒錯，尤其在科技業同儕當中更是一騎絕塵。例如網飛（Netflix）也有回饋制度，只不過不在引爆創新力。特斯拉（Tesla）那裡的構想、創意，走的全是從上往下輸送的單向道。優步（Uber）的企業文化，問題叢生則是出了名的。

本書就要拆解工程腦，勾畫貝佐斯、祖克柏、皮查伊、納德拉等人如何以工程腦作基礎建立起他們的體制，讓創意得以在公司裡暢行無阻，進而化作現實。這樣的工程腦未幾應該就會成為全球成功企業的標準配備。各位讀過這幾家科技巨擘在這方面的事蹟，就能了解全球頂尖的公司是怎麼運用工程腦，進而可以作為自己工作應用的榜樣。希望各位在書裡都找得到值得一學的東西。

加速又加速

我找了一些有工程腦的人談工程腦，談著談著，現今企業界到底是什麼模樣，也開始在我腦中具體成型。蘇亞爾・帕迭爾（Sujal Patel），學有專精的工程師，一手把數據貯存公司Isilon Systems帶大，最後以二十二億五千萬美元脫手。我和他談過，他跟我這樣子說：你現在要是想創業，想把你的點子推送到市場，你只需要在五百個搞創投的人裡面說服一個，讓他

創業，時間，成本

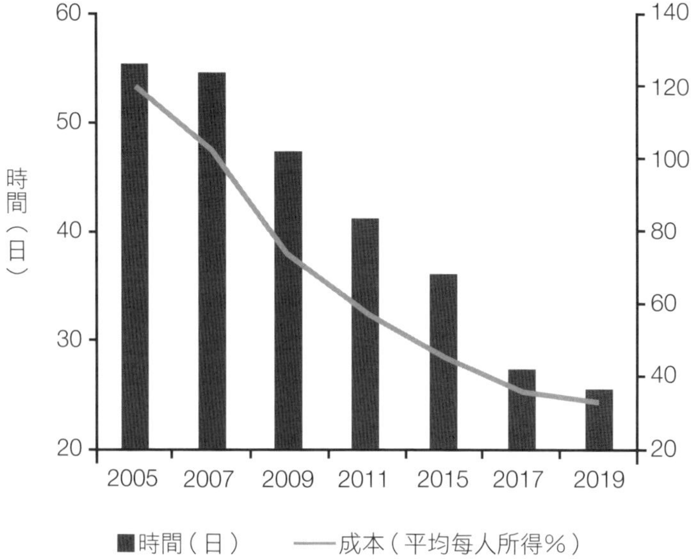

相信你這點子真的很好，就拿得到錢去做你要做的事。但你要是身在傳統公司，有同樣的點子，去跟你的上司說，你的上司要是喜歡，就再去跟他的上司說，他的上司要是喜歡，就再跟他的上司說，這樣一層層往上推，到最後，層層上達的途中要是遇到一個人說了一句「不行」，你這點子就會泡在企業的爛泥裡夭折了。但這期間，外面可是有人有辦法把你這點子化作現實的呢。

「我在自己的公司，心裡始終是這樣的想法：『遇到好點子，我該怎樣保障這點子有機會一試，而且真的去試？』」帕迭爾說，「把好點子扔進階層組織要它往上爬，從來不會有用。」

在那之後幾個禮拜，世界銀行

（World Bank）發表研究報告，畫出二〇〇五到二〇一七年間新公司創立所需的時間和成本。在這十二年間，兩大條件都砍掉了不只一半。我讀到報告，就想起了帕迭爾先前跟我說的例子。沒有合適的體制來扶持好的點子，在過去若算是損失，在現在可是會危及生存了。傳統的企業面對的威脅有一方是來自初創公司；現今的初創企業搶進市場的速度，比以前要快得多也便宜得多。另一方的威脅，則是來自根基穩固的老企業，他們營運起來也像初創企業，透過內部作業技術甩掉執行的工作，廣納組織上下的創意，而且付諸實現。

我認為這本書問世之時，正好在世事蛻變的當口；這時候，工作、領導以及商業整體的基本法則都在轉變。等到讀完放下本書，希望各位對當今的走向，對你要怎麼調整、因應，都能有透徹一點的了解——不論你在企業食物鏈是排在什麼位置。還有，本書談的這幾位執行長，這幾年備受輿情反噬也是不爭的事實。大家對於他們公司規模太大、權勢太盛，還會濫用他們的規模和權勢，都有根深柢固的疑慮和猜忌。所以，對於這些公司用以稱霸的手法務必要講求權責相符，也就更顯重要了。但我希望各位讀過他們的事蹟之後，能發覺他們的手法其實沒那麼神祕，甚至不算費解。大家要是都能跟著用，又懂得謹慎負責，說不定能將我們的經濟帶向更平衡的局面。

第 1 章

貝佐斯的創新文化

Amazon

亞馬遜的西雅圖總部，和矽谷四處不規則延伸的園區長得不太像。郊區宜人、隱蔽，他們不選，反而相中還在開發的聯邦湖南區正中央。他們的大樓沿街林立——還依他們的專案代號命名，例如智慧型喇叭 Echo 的「杜卜勒」（Doppler），電子書閱讀器 Kindle 的費歐娜（Fiona）——供五萬名以上的員工辦公；還有別的建築正在施工，以備更多員工進駐。平日的街區多的是亞馬遜員工熙來攘往，你要是擠在人潮當中找路走，可能就正好走進他們公司前景大好的實驗裡了。

從貝佐斯辦公室往下幾層樓，「首日」（Day One）辦公大樓地面層，亞馬遜正在實驗他們的新式雜貨店，叫作「Go」——沒有收銀檯，用 app 掃描進店，隨便你選貨，然後……隨便你走人。再過一下，亞馬遜就會發收據到你的手機，跟你結算你買的東西。Go 不排隊，不等候，不用收銀員。感覺像走進了未來，很可能真的就是未來。

Go 運用的幾類技術都教人眼睛一亮，大多是你抬頭就看得到的。天花板有一排排的攝影機和感應器，朝四面八方捕捉你逡巡貨架的身影和動作。Go 利用電腦視覺（computer vision）——機器學習的一個子集——搞清楚你是誰，拿了什麼東西，又把什麼東西放了回去。然後跟你收費。我耍過幾次詐想騙過它，結果發覺這一家店幾乎不會出錯。不管耍什麼花招，把貨品藏起來或是用最快的速度衝進來再衝出去（一進一出總計十六秒），Go 從來沒漏過一樣東西。

不過，Go這家店該講的，遠不止於硬體和程式碼。Go最重要的一點是，它是亞馬遜獨有文化的產物，不是肉眼看得到的。貝佐斯在亞馬遜將創新培養成一種習慣，把發明像Go這樣嶄新的體驗，樹立為他們公司業務的柢柱，重要性不亞於維繫他們著名的網站。亞馬遜從上到下人人都在搞發明，只要可以自動化的，貝佐斯都要自動化，好讓員工搞更多的發明出來。亞馬遜這位創辦人兼執行長本人不僅鼓勵創新發明，他還特地建立大量生產的系統，以利發明出來的產品問世之後有最好的成功機會。例如Go，一開始提出來的構想是超大型販賣機，可是放進貝佐斯的流程走過一趟，就變成足以改變我們購物方式的東西了。

我們現在會對著喇叭、微波爐、時鐘講話，就要賴在貝佐斯的創新文化帳上，這些全都內建了智慧語音助理Alexa。還有，在螢幕上讀書、在雲端開公司、盡情在網路上買東西也都是——說不定沒多久還可以買完東西直接走人，不必在收銀檯留步。

「發明創新是他的燃料，是他腦力的燃料。是他那人的一部分，是這家公司的肌理。」亞馬遜「全球消費者」（Worldwide Consumer）部門的執行長傑夫·威爾克（Jeff Wilke），也是貝佐斯身邊的二當家，便跟我說，「我看到他最開心的時候，都是他遇上了新的發明、創見、革新、前所未聞的觀念時。」

亞馬遜的創新文化，是貝佐斯循十四條領導心法建立起來的，絕大多數亞馬遜員工也熱切擁護，遵守得比自己信的教還要牢，以致亞馬遜有的時候給人感覺像什麼小教派一樣。這些心法是他們公司作決策的準則，面談時一定會對你詳細說明；即使下班後，亞馬遜員工一樣三不五時就會提及。只要在亞馬遜工作，這樣的領導心法就是你這人的一部分，還會害得你就算另謀高就，也覺得不這樣子做事很難。所以才會有那麼多亞馬遜員工是「迴力鏢」，離開之後再吃回頭草。有離開亞馬遜的人還跟我說，他會拿這些心法去教他的孩子。

而你把貝佐斯的領導心法看得愈透徹，就愈清楚他這些心法就等於「創新手冊」。這些心法合起來可以激發創意，跳脫企業泥淖，免得最好的點子動輒困死在裡面，也保證有機會成功的事情都出得了門。

思考要遠大——像是鼓勵亞馬遜員工想像公司下一件轟動的產品、作業或服務會是什麼。最重要的是亞馬遜給員工權力可以自己去做，而不是一般公司「待在固定跑道」的管理通則。「想的淺短了，想出來的不過是本來就會實現的預言，」亞馬遜的領導心法寫道，「領導人要有膽識去開拓新方向，傳達出去，帶出結果。領導人要有能力想人所不敢想，專門往不為人知的小角落去找新門路來服務顧客。」

創新，簡化——再一個例子，亞馬遜可是把創新樹立為大家工作的核心，而不是放到邊緣去的。「領導人要期望、要求大家做出革新和創新的成績，」亞馬遜的領導心法如此指示，「都要明擺出來，隨時隨地都在找新點子，絕對不拿『我們這裡才不搞這個』來設限。」

（這一條心法，說得白一點，就是：你待在亞馬遜，唯一的目的就是搞創新。做不到，那你的差事就可以簡化，接著再自動化。在亞馬遜這裡啊，你要嘛趕快發明一些東西，要嘛請你打包走人。」）

先做就好——這講的是你在亞馬遜就要有辦法把東西送出大門，別搞什麼又臭又長的開發期，只要快快做出新發明就好。「許多決策和行動都是可以翻案的，不需要研究得多徹底，」他們的領導心法指出，「我們看重的是適當的冒險。」

（亞馬遜有員工要給自己多弄一點地方來做事，便拿了鋸子到公司，把辦公桌鋸掉一段。上司找他問話，他就搬出「先做就好」來回話。）

要有骨氣，敢不同意，勇於支持——這是在盡量消除瓶頸，因而要亞馬遜員工勇於表達反對的意見，事後也要懂得不擋路礙事。「領導人要是不同意某些決定，就有責任不失禮地提出質疑，就算這樣會很尷尬或是很累，」亞馬遜的領導心法說，「但是，只要成了定局，領導人也會全心支持。」

（有人以前在亞馬遜待過，說他記得貝佐斯最討厭把「客戶問答」〔customer questions and answers〕放在產品頁上，但是，貝佐斯還是跟負責的團隊說該放就放。如今「客戶問答」已經成了亞馬遜的標配。）

最後，**顧客至上**——就是把顧客永遠擺在第一。「領導人要懂得把顧客當起點，從顧客那裡倒回來做事。」亞馬遜的領導心法寫道，「領導人雖然也必須留意競爭對手那邊，但他們專心致志的目標，在顧客這邊。」

（不過，亞馬遜「顧客至上」的心法，已經融入他們進行暗盤交易、反競爭、苛待員工的作風中了。他們這些作法是可以壓低價格、提升服務，但也要付出看不見的成本。）

亞馬遜的創新要是對顧客來說不夠好，就會退回原點重新再來。「Go 這家店最妙的地方就在你一腳踏進去後，直接走出去都無妨，」有個在 Go 做事的人便跟我說，「（販賣機的構想）並沒有去掉結帳的問題，它只是把問題往後拖延而已。」所以被打了回票。

貝佐斯確實有一點名堂。創新在當今技術導向的經濟，不單是不錯的條件，還是必要的條件。被程式碼推著走的世界，創造的成本之低，前所未見；你在做什麼，競爭對手輕輕鬆鬆就可以複製。為求生存，就必須隨時隨地都在創造下一個大發明。所以，貝佐斯才會要亞馬遜裡人人都作創新的追逐賽。「財務要有創新，法務要有創新，人資要有創新，物流、客服一樣要有，公司無處不搞創新，」威爾克說，「創新都成了公司每一個人職務的一部分了。」

貝佐斯在亞馬遜培育的文化，既給員工發明的權力，也給員工經營自己發明的權力（這是亞馬遜領導心法的另一條：**敢做敢當**）。你挖得愈深就看得愈清楚，亞馬遜備受歡迎的產品、服務——喇叭 Echo、閱讀器 Kindle、付費會員服務 Prime、雲端運算服務（Amazon Web Services; AWS），以及亞馬遜公司（Amezon.com）——背後最大的推力正是這樣的文化，而且這樣的文化還因華爾街的投資人不跟他們要盈利而如虎添翼。亞馬遜的企業文化，千真萬確便是亞馬遜的競爭優勢所在。

見見亞馬遜的科幻作家

二〇〇四年六月九日下午六點零二分，貝佐斯在亞馬遜對投影簡報軟體 PowerPoint 下了禁令。

他本來就不懂得跟人客氣，發佈這消息也很乾脆。他在發給高層主管的電子郵件裡，直接把命令寫在主旨裡：「現在開始不准用 PowerPoint 作簡報」。貝佐斯曉得 PowerPoint 是很厲害的推銷利器，再平庸的想法用項目符號和花俏的模板一包裝，就教人驚艷。也因此，PowerPoint 對創新是很糟糕的玩意兒；依貝佐斯的說法，像是給人「尚方寶劍去美化點子」，即使構想有毛病、不完備，擺上簡報就看不出來了。

貝佐斯拿另一種作法來取代：書面備忘錄。貝佐斯不要看幻燈片，員工有新產品或是服務的點子，一概要寫成書面報告，要有完整的字句和清楚的分段——一個項目符號也不准用。寫成這樣的備忘錄，敘事說理才會周全，容易抓到思考的漏洞，也有助於想像力在寫的時候痛快奔馳。貝佐斯寫道：「備忘錄只要寫得好，那麼，哪些比較重要、不同的事情有怎樣的關係，都可以由敘述結構帶出比較好的思考和理解。」

有尊崇的事情是一回事——亞馬遜的領導心法就把亞馬遜尊崇的事情說得一清二楚——但要是沒有體制讓員工將那些事付諸實踐，便多半沒什麼價值。當初貝佐斯按下「送出」把郵件發出去的那一刻，就為亞馬遜的創新建立了體制，而且將書面備忘錄擺在體制的正中央。

如今亞馬遜的每一項新計畫都是以備忘錄作開始。雖然根本還沒人在管這是什麼東西，但寫的人卻以未來作背景，明白描述潛在的產品於未來問世之後是什麼狀況。亞馬遜員工說這是「回溯工法」。先想出新發明，然後倒著走，去把東西做出來。備忘錄以六頁為限，通常是單行間距，11級 Calibri 字體，半吋留邊，不附圖；新產品或服務的提案細節，你覺得該知道的都會有。

我在西雅圖時，有幸看了看幾份這樣的「六頁書」，是以前在亞馬遜做事的人給我看的，但他要求不得具名，因為，他們依理是要刪了才對。備忘錄寫得十分詳細，有提案裡的新服務概要、推出後能為顧客帶來什麼、能為亞馬遜的供應商帶來什麼、相關的財務規劃、國際業務規劃、訂價、工作時間表、收益預測、成敗指標等等。

寫這樣的備忘錄像是在寫科幻小說，在亞馬遜待過的人跟我說，「這是在寫故事，背景設在未來，寫你認為未來會怎樣。」他說，「這是在寫現在不存在的事情。」備忘錄裡確實是有虛構的東西：「六頁書」裡通常都有虛構的新聞發表會將新產品送到全球世人面前，連高級主管宣揚新產品問世的虛構發言也有。

亞馬遜的員工寫好六頁書準備遞交審核，就會申請和幾位相關的高級主管開會，請他們協助把科幻小說變成事實。這時，情況就有一點古怪了。由於沒有PowerPoint來帶話題，亞馬遜開會都是以沉默無聲作開場。為時十五分鐘到一小時吧，與會的眾人靜靜翻閱六頁書，記重點，看看要問什麼問題。這對六頁書的作者是很大的折磨：枯坐在位子上，看著亞馬遜的高級主管逐頁檢視自己的想法，一聲不吭，有時貝佐斯本人也會在場。「我一個禮拜或一個月都未必看得到貝佐斯半小時，」珊蒂・林（Sandi Lin）以前在亞馬遜當過高級經理，她就跟我說，「但我一樣有機會在他面前提出我的構想。」

「你埋頭苦幹好幾個月，」尼爾・艾克曼（Neil Ackerman）以前在亞馬遜當過總經理，寫過幾份六頁書（也拿得出八項專利來炫耀一下），他說，「你坐下，頭一小時，把備忘錄發給在座的每一個人，釘得好好的，也附上螢光筆、鉛筆——不先寄給他們，是因為沒人會先讀的，笑話！——接下來大體就是全部都不吭聲，整整一小時吧，全都在讀。」

大家讀過之後，就由在座職位最高的那人起頭，開放大家提問，圍坐在桌邊的一群人也毫不客氣。「接下來提案的人就再坐上一小時，」艾克曼說，「聽人提問題，回答，提問題，回答，一直被問題轟炸——最後要是通過了，提案的人就有案子可以做了。」

有人的六頁書通過審核，亞馬遜就會撥給六頁書作者一份預算，讓他去招募人手，打造夢想中的發明。六頁書誰寫的，就由誰負責將構想化作現實，這是亞馬遜創新力的精髓所在。

這是米卡．鮑德溫（Micah Baldwin）跟我說的，他在亞馬遜工作過，走過這流程。

「創新有兩面，」他說，「動腦和動手。動手型的人大多不動腦；動腦型的人大多不動手。這樣子把事情提筆講過一遍，最棒的一點就是會逼你把兩邊的事情都做到。我必須把事情從頭到尾想個透徹——誰會在乎這些事？誰會要這東西？誰會來買？全部的事都要想得到——我還必須把這些事情全寫成敘述體文章，然後把它交給你看，毫無保留，你從沒看過的，你可以有意見，可以支持，可以不支持。等過了後，我就有責任把事情做到完成。我不僅要把想法寫下來，我還不得不去想，不得不去做。這兩件事合起來，就在推動創新。」

六頁書在亞馬遜內部將創新變成自由平等的事情。公司裡誰要寫都可以寫，等到累積的人氣夠了，高級主管就會作審核。「我審過別的部門送來的六頁書，那部門還不歸我管。」威爾克跟我說，「我看過的六頁書，有的人在傳統組織的階層還位在我下面很多。我們看的六頁書什麼來歷都有。」

由於六頁書寫得很詳細，貝佐斯和他的左右手就容易了解提案到底是怎樣，是要同意還是否決，還是要送回到提案的團隊那裡去再多作推演。有這樣的制度，亞馬遜的員工便是亞馬遜成功的推手，一群人始終在進步、在調整、在用六頁書作創新，而且，他們還有貝佐斯作催化成功的推手。

把一家公司的文化說成是在搞發明的，可能有一點怪，甚至有一點扯。企業員工一般是要把力氣集中在維持公司運作順利，而不是寫科幻小說。亞馬遜這家公司有供應商關係需要打理，有庫房要堆存貨，有產品要運送，他們要怎麼把力氣用在創新發明上？姆，這不是有機器人進場了嗎？

貝佐斯的機器人員工

西雅圖市中心的亞馬遜總部，往東邊隔著幾千哩，有他們一棟米黃搭灰色的大倉庫，離高速公路不遠。這倉庫之大，是要用幾座美式足球場來算的。白紙黑字記載一下：裝得下十五座球場。禮拜天全美國的國家美式足球聯盟（NFL）比賽場地，加起來都還不到這數字。

倉庫叫作 EWR9，因為紐澤西州的紐瓦克機場（Newark Airport）就在附近。像這樣的物流中心，亞馬遜有超過一百七十五座。亞馬遜每天經由他們的物流中心儲存、包裝、運送幾百萬件貨品到顧客手中。單單是 EWR9 這裡，一天二十四小時的營運時間就可以送出去幾十萬件包裹。

二〇一八年八月，夏季的大熱天，我到 EWR9 參觀，只見物流中心裡面機器人和人類「同事」並肩做事，嗡嗡低鳴盈耳。亞馬遜的機器人是一個個不算大的橘黃色機器，長得很像 Roomba 掃地機器人，在大山洞似的物流中心找定目標四處移動，鑽進堆高的黃色貨架下面，抬起來，轉個方向，在庫存區和員工之間來回穿梭。一具具機器移動起來整齊有序，像是舞蹈。

貝佐斯幾乎像著魔一樣要用自動化替員工省下力氣，好去多搞一點創新——這些機器人便是肉眼可見最明確的證據。「我可想不起來有什麼時候他會不想用電腦來幫我們達成任務，」威爾克說，「從最早期開始，他就會注意公司裡的事情，要是有什麼事情是由人工在做相同的重複步驟，而人力又是可以解放出來去做更有創造力的事，他就會問：『這工作該怎麼自動化？這樣的例行公事該怎麼自動化？這樣我們的人不就可以盡量去發揮創造力了嗎？』」

我一走進那物流中心，普里特．維爾迪（Preet Virdi）就迎了上來；他是EWR9的總經理，有強烈的領袖魅力（後來改派到巴爾的摩，同樣的職位）。維爾迪身材高大，對人格外親切，嗓音渾厚，道道地地的「公司人」。你說誰在公司的新人訓練課上聽到亞馬遜全心以顧客為重，會激動到眼眶泛紅，算他一份準沒錯。我在他那裡參觀時，維爾迪口若懸河地說著樂觀的看法，而且沒一絲嘲諷的意味。「能和很多人一起工作是很棒的事，」他跟我說，「亞馬遜的機器人和亞馬遜的員工的合作確實又酷又好。」亞馬遜這家公司很討厭搞公關，卻會讓維爾迪這樣子暢所欲言，顯然是有道理的。

維爾迪除了是會走動的新聞稿，他也是新型態的經理人，帶著一群人和機器人一起做事；這中間的互動關係，可是耗掉亞馬遜八年時間才摸索出來怎樣駕馭的。二〇一二年三月，亞馬遜買下 Kiva Systems，準備把 Kiva Systems 生產的機器人用在自家的物流中心。之後，機器人便如雨後春筍，飛快在各物流中心佈下陣營。到了二〇一四年，亞馬遜在各物流中心用上的機器人已達一萬五千具左右，再到二〇一五年就跳升到三萬具了。如今，他們公司總計有二十萬不止的機器人在職，擴大的勞動力約達八十萬人。在EWR9，便有兩千名左右的員工配置數百具機器人一起工作。

機器人一舉將物流中心的作業改頭換面。引進之前，物流中心靠的是人力在亞馬遜其大無比的倉儲裡走透透，把顧客買的東西翻出來，再帶著東西走回去安排運送（亞馬遜現在還是有物流中心沒機器人幫忙，那就依然是這樣的作法），如今可就有機器人代勞了。而且，機器人的技術再往前推進，亞馬遜便大有可能連物流的其他核心作業也作自動化。亞馬遜現在還是有「上貨」、「揀貨」、「包貨」的人員。上貨員負責將貨品推上貨架，揀貨員將顧客買的東西挑出來，包貨員替貨品包裝寄出，你就會在自家門口看到你買的東西。機器人就在這三者當中來回行走，把貨物送到「機器人區」放好，等著另一具超強Roomba去作下一程運送。

看著人類和機器人合作無間，可是令人大開眼界。你在亞馬遜那裡訂了一件貨品，就會有機器人來到有你貨品的貨架這邊，鑽進貨架底下抬起貨架，再在工作站旁邊跟別的機器人一起安靜排隊，等亞馬遜的軟體傳來指令，機器人就把貨架挪到某一個人面前，再安靜待著，等人把貨品拿走才快速離開。我看過一名揀貨員工作，效率令人稱奇。他從貨架抓起一件貨品扔進箱子，機器人就急匆匆走人，下一個機器人上來停步，帶來的貨架還有一截抬得比較高。揀貨員從那一截抓起一件貨品，機器人便又離開。過程走得俐落迅速。

作業這麼順利，靠的是背後的先進軟體。物流中心的地板散佈條碼，機器人便是靠讀條碼在物流中心暢行無阻。機器人行經條碼，會接收到指令要它停下來等，或是移到下一條碼去接收別的指令。每一個揀貨、上貨的人速度快慢，電腦系統都知道，快的人就自動多派機器人過去，慢的人就少。我在華盛頓州肯特郡（Kent）參觀過另一處物流中心，機器人會停在攝影鏡頭前面讓鏡頭掃描貨架，（用電腦視覺）判定還剩多少空位，是不是送回去再多裝一點貨品（要是貨品擺得不正，還會叫機器人到疑難組去解決問題）。有不少揀貨員做事的時候會自動玩起「物流大賽」，看誰速度快。

我在亞馬遜參觀過他們兩處物流中心，遇見的員工士氣都很高，覺得在亞馬遜工作很開心。不過，倒不是哪裡都這樣。英國記者詹姆斯・布拉德渥斯（James Bloodworth）在亞馬遜的物流中心作過臥底調查，於二〇一八年寫下《沒人雇用的一代》（*Hired: Six Months Undercover in Low-Wage Britain*），便說他有一次看到地板上有一個裝著尿液的瓶子，顯然是有同事生怕耽誤生產目標，連廁所也不敢去。

亞馬遜把員工操得很厲害。感恩節和耶誕節之前的大旺季工作尤其吃緊。公司的內勤人員甚至要輪班到物流中心去幫忙，免得應付不來。照理說，機器人應該能讓亞馬遜的員工輕鬆一點。可是，看著機器人，會教人忍不住擔心，工作輕鬆的員工真的比過勞的員工要吃香嗎？

亞馬遜在肯特的物流中心，有個揀貨員叫梅麗莎，有紋身，二十多歲，也在星巴克兼職，她跟我說總有一天亞馬遜的物流中心會有更多職務自動化，「這裡哪天準會有辦法，讓你不必一直用人來幫你裝手提袋，」這裡說的「手提袋」，是亞馬遜員工特有的用語，指箱子。我跟維爾迪提這件事，結果對話變得很尷尬。

「亞馬遜不喜歡千篇一律的工作，」我說，「我研究了一下你們公司，看起來很明顯——」

「我不太懂你的意思，」維爾迪打斷我的話，「可以說明一下千篇一律的意思嗎？」

「假如工作只是千篇一律的重複動作，附加價值不高——」

「好……」

「你覺得這問題的前提不太中聽吧。」

「我只是想了解千篇一律是什麼意思。」維爾迪回答我，「我們接訂單，是可以看作千篇一律的事，貨物裝箱、運送出去，也都算。都是千篇一律的事，卻也是我們會在這裡的理由。」

我問維爾迪，亞馬遜的員工要是工作都自動化了，那他們該怎麼辦？維爾迪說，他們有兩條路走。一是在物流中心換另一種類似的職務來做，像是包裝；另一條路是去上訓練課，再學一種技術較高的能力。維爾迪說，經過三、四個禮拜的訓練，他們就可以在亞馬遜的機器人區當技師。維爾迪說：「這是傳統的物流中心找不到的職務。」

我在EWR9待得愈久，就聽到愈多以前從沒聽過的職務。他們有「機器人區技師」；有「特赦大隊」（機器人掉了貨品，就由他們負責清理）；有「庫房品保小組」（ICQA，負責盤點貨架上的貨物，確認數量符合系統紀錄）；有「四分衛」，這是在樓上監看機器人區的人員。亞馬遜多了二十萬具機器人的同時，也多了三十萬人的職務。

亞馬遜推行自動化，未必會把同仁送進失業潮，卻一直在逼他們要在變化的浪潮裡力爭上游，既刺激動力但也十分吃力。在亞馬遜做事的人，可能前一天工作還好好的，隔天就被電腦或是機器人取代了。「你一定要帶領大家懂得終身學習的道理，」威爾克跟我說，「現在對工作、學習該怎麼獎勵，對大家該用多少時間在這樣的事情上面，都和以前不同了。」

亞馬遜在這方面確實說到做到。公司一定讓員工知道即將到來的狀況，提供所需的訓練，協助員工扛得起新工作。例如亞馬遜有A2Tech這樣的訓練課程，由教學、實作、考試三管齊下，教導員工在物流中心工作所需的技術。亞馬遜還有「職業選擇」（Career Choice）的專案，物流中心員工攻讀學位、證照的課程，百分之九十五的學費可以申請由該專案支付，以四年或累計達一萬兩千五百美元為上限。

貝佐斯也承認，亞馬遜不斷在變的工作環境，對於不善隨機應變、偏向隨遇而安的人，確實不太好過。「我們為自己找來這樣的挑戰，我們就必須把自己放進未來去工作。把自己放進未來去工作，超級好玩呢，只要對象沒抓錯。」二〇一六年貝佐斯接受資深科技記者華特·

摩斯柏格（Walt Mossberg）訪問時說，「對於討厭變化的人，我想高科技會是滿糟糕的行業，會扛不住；有很多行業確實固定一點，這樣的人大概就選那種不太有變化、比較固定的行業吧，他們在那樣的行業裡可能開心一點。」

這是忠告沒錯，只是，那樣的行業也未必真的好過，因為，亞馬遜員工身陷的動盪變化，正在進逼各行各業。連保險理賠的理算員（insurance claim adjuster）這職務也不得不自動化——貝佐斯說起固定一點的行業，就是拿理算員作例子，但他提出這例子後，也馬上作出這樣的結論。摩斯柏格跟貝佐斯說保險理賠的理算員現在也用 iPad，貝佐斯回答：「沒多久他們也都會有機器學習力了。」貝佐斯說的沒錯。保險公司確實已經在用機器學習來核算家居保險費率、監測安全駕駛。而且，依我在 UiPath 邁阿密那一場聯歡會看到的，可以預見這樣的系統似乎注定會完全取代理算員的工作。

儘管有動盪的變化，亞馬遜倒有一件事始終不變：創新的決心。這麼多人力的工作在自動化後，亞馬遜的內勤人員就省下許多時間可以專心用在創新上了（畢竟大旺季的時候不用再臨時跑去支援、包貨物）。物流中心的人員因此有了多出來的時間可以進行創新。我在 EWR9 就由維爾迪帶著看了一處「改善不斷線」小站，員工可以將新產品、流程、物流作業微調之類的點子，遞交到小站，由維爾迪帶著高級主管每星期三用四十五分鐘開會，審閱提交上來的點子。看到了中意的，就會給員工時間和資源——支薪——依他們排定的時程將他們的點子變成事實。舉一個小例子，亞馬遜就是依員工回饋的意見，把他們的集貨箱改成黃色，以利人員辨識貨品、提高效能。

我在 EWR9 參觀過後，請維爾迪還有同行的亞馬遜發言人一起吃午餐，地點是大門出去不遠的福來雞（Chick-fil-A）。我點的是辣雞塊三明治，發言人也是。維爾迪點的是原味的。機器人還在工作。

放開方向盤

人類會怎樣可是最好猜的——這一點亞馬遜員工最清楚了。「你隨便挑個郵遞區號，亞馬遜都可以跟你說那裡的人愛穿什麼、愛買什麼、愛做什麼，還說得八九不離十喲。」在亞馬遜當過總經理的艾克曼跟我說，「你一家家去看，穿的都是同樣的衣服，吃同樣的東西，同樣的裝潢，買同樣的東西。顏色是會有差別，但是大多一猜一個準。」

亞馬遜手裡有二十五年的歷史資料隨他們取用，把我們要什麼、什麼時候要，摸得一清二楚，你去點擊「購買」的時候，你下一次要買的東西說不定都已經運到你家附近的物流中心，準備送到你跟前了。亞馬遜在秋天就知道冬天的大衣訂單會暴增。不只如此，亞馬遜還知道某些地區的人特別愛買 North Face 的外套，會在那裡附近的物流中心多囤放一點。

亞馬遜既然有這樣的知識，便利用他們叫作「放開方向盤」（Hands off the Wheel）的措施，將很多內勤工作都自動化了。

亞馬遜的物流中心在消費者買東西之前便會先堆放許多產品；這一家公司可是針對超過一億五千萬的 Prime 付費會員，提供兩天運送到府服務的（現在正在推出一天到府的服務），所以，這作法實屬必要。亞馬遜歷來是用「供應商經理」來維持供貨順利。例如負責「汰漬」（Tide）品牌的經理，就要算出亞馬遜每一處物流中心要囤放多少清潔劑、什麼時候要送到、每一件亞馬遜又要付多少錢。接下來他們就要找汰漬去談價錢、下訂單。這職位在亞馬遜原本是很威風的——直到前幾年吧。坐這職位日子過得有趣、關係也好，還可以和全球的頂尖品牌打交道。只是啊，亞馬遜總是有變化潛藏在角落伺機而動。

二〇一二年，亞馬遜的經營高層開始檢討供應商經理的核心業務當中，有哪些是真的非要由人來做不可。人要是真的很好猜，那亞馬遜的電腦系統應該可以判定哪裡的物流中心應該多囤放哪些貨物、什麼時候送到、數量要多少、怎麼訂價。而且，搞不好做得比人還要好。

「負責採購的人向來是把同樣的事情做過一遍又一遍。」艾克曼說，「接電話，聽人推銷，買下多少產品，一般買下的數量還會不對，因為他們是人；然後，你看看吧，一堆人買這東西，然後，周而復始，一再如此。要是有事情是可以反覆預測都不出錯，那還要人來做幹嘛？而且，老實說，電腦、運算法、機器學習，這些都比人腦聰明。」

亞馬遜的經營高層想通了後，就決定將供應商經理的傳統職務，像是預估、訂價、採購，進行自動化。亞馬遜裡的人也開始叫這措施為「尤達專案」（Project Yoda）。這工作不再需要供應商經理來做，亞馬遜有「原力」就好。

二〇一二年十一月，勞夫・赫布里希（Ralf Herbrich）加入亞馬遜擔任機器學習總監。他的初期目標有一項是帶動這件專案起飛。「我記得剛開始時，還是有很多決定、預估的事情需要由人來處理。」赫布里希已經在二〇一九年末離開亞馬遜，所以他是從柏林跟我通電話，「我們便開始檢討運算法，其實運算法便是我們啟動專案裡的一項。」

赫布里希和他的團隊──人數從幾十位專精機器學習的科學家到上百人不等──接下來幾年埋頭苦幹，絞盡腦汁要為尤達專案注入生命。他們一開始試過幾種教科書的機器學習法，用來預估大量採購的產品相當理想，但是用在零星購買的產品就失靈了。「用在大概一百或一千種產品是還不錯，」赫布里希談到教科書作法，「但我們有兩千萬種產品要做。」所以他們開始這裡修一修、那裡補一補。赫布里希的團隊一做出新的程式，就用前一年的訂單模擬看看，再和亞馬遜由人力做出來的實際數字作比較。

幾經嘗試錯誤之後，赫布里希的預估模型開始有模有樣了，亞馬遜便將預估模型納入員工的工作流程工具裡。供應商經理這時就看得到產品在每一區的預估庫存量。供應商經理（還有協助訂購產品的同事）便可以利用這系統去「放大決策力。」這是赫布里希的說法。

二〇一五年，一開始叫作「尤達專案」的計畫變成了「放開方向盤」（Hands off the Wheel），這名稱把這計畫的目的說得很清楚。這措施並不是要亞馬遜的供應商經理只是把機器學習運算做出來的預估，作為他們下決定的參考，亞馬遜要他們的供應商經理放開方向盤，讓系統去處理就好。沒多久，亞馬遜的經營高層就設下很高的比例，要零售部門的作業改用「放開方向盤」的措施。人工干預能不用就不用，有時還必須由品類經理（權責有如準執行長）批准才可以干預。

供應商經理的職務就此有了天翻地覆的變化。「我們現在採購起東西沒有以前那麼自由和靈活了，」伊蓮．關（Elaine Kwon）在亞馬遜當過供應商經理，「有的時候，像我要為大節日作準備，我會花很多時間想我應該採購哪些東西。這便是採購的責任，想清楚要採購什麼。但這件事也開始慢慢被拿走了。（管理階層的）意思就是：『不行，這種事哪能讓你們這些人來做。』」

有亞馬遜的前員工，姑且叫他提姆吧——他要求匿名，怕遭報復——說有一次開會時討論「放開方向盤」的目標時，有件事他很快就看出來，也直接提出來：「那就恕我直言，我們是不是要另外給自己找工作職務了呢？因為，這樣明顯是在把自己搞到沒事好做啊？」會議室裡的人都笑了起來，可是提姆是很認真的。最後，作簡報的人說，沒錯，這是在減少人力涉入。提姆說：「他們等於是在說對，就是這樣，只是不講破罷了。」

「放開方向盤」最後擴及整個零售部門。預估、訂價、採購、庫存規劃，現在都有自動化協助，或甚至全作自動化處理。販售、行銷、甚至議價，在亞馬遜也都部分自動化了。有供應商要和亞馬遜談生意，現在對談的那一方已經是電腦入口網站，不再是供應商經理。汽車可以自動駕駛了。

自動化之後，人要做什麼？

像這樣的事，之後的劇情一般會走到山窮水盡的路線，栽進大量失業、找嘸工作、末日喪亂的絕境。終有一天吧。但我訪問亞馬遜內部被「放開方向盤」計畫掃到的人，發現他們竟然都懂得面對現實，就算是噩兆也隨遇而安。

「我們聽說採購的事情要自動化，改由運算法處理，一來呢，就是：『喔，那我的職務怎麼辦？』你心裡絕對會想這問題，」伊蓮．關對我說，「二來呢，你其實也不會大驚小怪，就是：『嗯，就事論事，合理，符合科技公司應該要走的路線。』」

提姆可就心不平、氣不和了，他也從原職位被掃地出門。「根本就是天翻地覆的差別，」他說，「以前鼓勵你多去做的，現在鼓勵你最好不要。……是有一點傷心，你懂吧，埋頭苦幹把自己幹掉。不過，這邏輯是很難否定。」

目前在亞馬遜工作的另一名員工則跟我說：「你就是要一直賣力做到讓自己沒事可幹。你不可以日復一日做的都是同樣的事。一旦你做的事好像千篇一律，就要趕快想辦法作創新和簡化。」

在商言商，亞馬遜員工會這樣是很容易理解的（亞馬遜員工的報酬有不少是公司的股票）。亞馬遜做的生意有「飛輪」（flywheel）的特性——也就是一種自動強化系統，每一個零件的效能提高，整部機器的效能就會愈快、愈好。亞馬遜的產品形形色色所在多有，而且價格低，購物便利，招徠買家購買的流量。亞馬遜的買家流量再招徠賣家，賣家在亞馬遜可以用好一點的價格賣多一點的東西給買家，帶出更多的需求。飛輪就這樣子轉得愈來愈強勁。

亞馬遜早年需要管理的賣家關係比較少，自然可以雇用人力來打理供應商關係。可是，後來，亞馬遜的貨物項目攀升到兩千萬之譜，每一支供應商關係都要靠人力來管理可就不堪負荷，以致售價上漲，像在飛輪裡卡進一根扳手。

「亞馬遜這樣的生意，不靠科技還是做得來的，但沒辦法做大。」赫布里希說，「我們飛輪裡的每一個零件——幾乎每一個都是——只要把其中一些由人在作的決定進行自動化，特別是依照大家重複進行的模式在作的決定，效能就會只增不減，我們注意到是這樣的；所以，人工智慧就是要用在這當口上。」

赫布里希說二十年前亞馬遜一名供應商經理可以管理幾百項產品，但今天一個人能管理的，少則一萬多則十萬。（亞馬遜一名發言人說赫布里希舉的這些數字只能作例子看，不應只憑字面就當真。）

亞馬遜把零售部門的預估、採購、議價等工作進行自動化，並不是在消滅他們的工作，但自動化確實是從根本在改變這些工作。供應商經理現在比較像檢查的人、而不是實際做事的人。「他們從輸入變成挑選，」赫布里希說，「要是有事情出了差錯，我們發現的，常是他們現在應該要有能力去判別什麼東西輸入得不對。所以，他們的工作是從製造輸出的東西，也就是決定要買多少，變成要去更改輸入的東西。」

假如你覺得不知所云，那這裡就有例子可以說明實際的情況。有一次，亞馬遜的庫存預估系統對幾樣基本的服飾商品預估有錯。赫布里希覺得不可思議，白色襪子應該不難預估的啊。他便下令檢查預估軟體裡的輸入項目，包括顏色，結果發現亞馬遜總共有五萬八千種顏色分類。拼錯字、非正規拼法，都會把系統搞亂。等他們把顏色統一標準之後，情況就回歸正常了。

亞馬遜的員工遇上預估失準是有權去推翻的——也就是把手放回方向盤——而用輸入運算的資料將問題掩蓋掉。把輸入修正好了（在這例子是將顏色分類統一標準），就能把失準的系統修正好。

「放開方向盤」的措施不僅用在亞馬遜的供應商經理和市場行銷人員這邊，亞馬遜的翻譯員現在也成了具備機器學習力的檢查員。亞馬遜的翻譯員不僅是翻譯產品網頁就好，他們現在還要審查機器翻譯的成果；這是亞馬遜的系統做出來的，他們有一定的自信應該會很準確，但是，翻譯員要是覺得有必要修正就會作修正。所以，你要是到亞馬遜的商品網頁去買東西，即使原先網頁不是用你的語言寫的，你往往也看不出來網頁是人工還是人工智慧翻譯出來的。

有機器學習力的翻譯軟體，也是亞馬遜的飛輪轉得飛快的另一助力。賣家賣東西能用的語言愈多樣，亞馬遜顧客的選擇就愈多樣，顧客造訪網站的次數也就愈頻繁。多出來這樣的流量，賣家自然更願意和亞馬遜合作，用更好的價格把商品送到亞馬遜來賣，吸引來的顧客也就愈多。

人的行為雖然大多可以預測，但還是有事情是運算法應付不來的，例如品味。為了彌補這一點，供應商經理除了查核自動化的預估結果、議價、下訂單，也會涉獵些許創作方面的事。「在我們的時裝部門，我們的團隊雖然對最新流行趨勢的偵測能力都很高強，但我們不會要他們待在西雅圖的辦公室裡搞電子表格，我反而要他們到紐約、米蘭、巴黎去看時裝秀，用最犀利、細膩的眼光去抓最新的趨勢。」威爾克說，「魚與熊掌你要兼得——既有電腦幫你把規模做大，也有人腦才能給你的洞見和直覺。」

時尚潮流有時當然也會搞得零售業變幻莫測，因而還是需要有人類居高臨下作駕馭。「你只要想一想真實世界和真實的商品，就知道它絕不是固定不變的。」赫布里希說，「指尖陀螺在二〇一六年連個影兒也沒有，但現在有了。但是到了二〇二〇或是二〇二一年，可能又看不到了。你一定要無時不刻都在動腦筋，去抓到這世界的新事物會長成什麼模樣。」

亞馬遜幸好有「放開方向盤」這樣的措施，如今在零售這一塊的作業就比較精簡，效率較好了。這樣的觀念也讓亞馬遜的第三方市場和物流作業愈來愈興隆——供應商直接掛在亞馬遜裡面，而不是把亞馬遜當中間人。

供應商經理這職位在亞馬遜原本十分風光，確實因此而失色不少。許多供應商經理都已經轉進到亞馬遜的其他職位。我在領英（LinkedIn）裡查了查他們都轉進到哪裡，找到他們有許多是落腳在這兩類職務裡：專案經理和產品經理。專案經理和產品經理在亞馬遜都是專精的發明人，做的是構想前所未有的東西，再一路保駕護航到做出成品。產品經理一般專心處理個別產品生成，專案經理專心處理多個彼此相關的項目。依領英的資料，這是現在亞馬遜內部成長最快的職務。「這才是很多人真正在找的東西，」伊蓮．關跟我說，「他們同時也在找是不是有別的很酷的團隊一樣重視創新。」

提姆也注意到類似的挪移。「我有朋友他們的工作類型在兩年前還有十二個人在，現在只剩三人了，」他跟我說，「就目前這時候，我在零售部門認識的人，幾乎每一個都在當產品經理、專案經理。已經沒有人在做零售的核心職務了。假如原本不是工程師，那就會去當專案經理或是產品經理。」

亞馬遜把零售部門的工作自動化，循而打開了一扇扇創新的大門，而依威爾克的說法，這也是他們一開始的打算。「以前一直在重複千篇一律的工作，現在解脫了，可以去做創新相關的事情，」他說，「都是機器做起來比較難的事。」

二〇一一年，亞馬遜主掌訂價暨促銷的副總狄利．庫瑪（Dilip Kumar），離開零售部門到貝佐斯身邊當跟班兩年，作貝佐斯的「技術顧問」。「技術顧問」這職務在亞馬遜可是人人垂涎，凡是坐上這樣的位子，就可以跟在貝佐斯身邊一起開會，有機會透過貝佐斯的眼睛去看亞馬遜，待跟班的日子結束，通常還能獲賜尚方寶劍去大幹一場。貝佐斯身邊的第一個技術顧問安迪．雅西（Andy Jassy），轉身就去成立了亞馬遜網路服務公司（Amazon Web Services, AWS），這是亞馬遜的雲端服務部門，現在由雅西擔任執行長，每一季能為亞馬遜帶來九十億美元的營收。

庫瑪——依他在領英寫的簡歷，說他在貝佐斯身邊當技術顧問的時候，「可能是我做過最棒的差事！」——而他在這一輪當差結束過後，一樣放手一搏。不過，他不在亞馬遜的零售部門那期間，尤達專案已經開始將訂價、促銷作自動化了，這可是他的專長。所以，這時他就得以（或說是不得已要）尋找新的領域拚搏。

庫瑪和幾位同樣出身零售部門的人一起踏上征途，要在「真實生活」找到購物最令人討厭的事，再用科技為大家解決煩惱。他們得出來的結論是：結帳。一夥人作過幾次試驗，連其大無比的販賣機也考慮用上，最後他們開發出了亞馬遜的Go。

沒有最高標準不行

大家可能會想，像貝佐斯這樣的人，既是兆元市值的公司執行長，還坐擁好幾十億的身家，什麼時候會想要放鬆一下呢？畢竟他已經打造出舉世無匹的電子商務企業，擁有生意興隆的實體部門，還有拿奧斯卡獎的電影公司，外加龐大的企業軟體業務。只要他想，他大可以靠這些生意安逸過上幾十年日子，每年照樣賺到一個小國家的國民生產總額，還能讓出一點空位，讓別人有創業出頭天的機會——二十五年前他不就是靠這樣的機會的嗎？只是，這一天只會晚不會早。

貝佐斯的人生樂趣就在於他做的事，特別是創新，格外能讓他覺得像是重回九〇年代他還在苦思怎麼透過網路賣書的時光。許多成就超人的執行長，享受人生等於在私人小島逍遙度日，或是揚帆周遊各洲海岸把世界繞過一回。但是貝佐斯呢，享受人生就是要有事可做，駕船遊遍全世界的海岸，對他可像是「一路走下坡，很難堪、很痛苦，再接著，一命嗚呼」。

威爾克跟我說，亞馬遜的經營高層，心裡都有一種需求在作他們的燃料。「我就是想要創造出新的東西，到沒人去過的領域闖蕩；我喜歡面對未知的時候心裡那種害怕、忐忑、興奮交織的感覺，同時相信不管前面有什麼阻礙，只要你衝破難關，就一定會去到奇妙的地方。」他說，「這樣的需求是會推著你往前走的，我敢說他也在被這樣的需求推著走。」

電子商務可是廝殺毫不留情的沙場；所以，亞馬遜能夠領袖群倫，其經營高層的前進動力是創新帶來的亢奮，可就不算偶然了，因為，這樣的力量遠大於銷售配額或是華爾街的預期。即使亞馬遜只是放鬆一點點，也會有競爭者馬上竄上來——像是送貨的速度拉得更快、價格壓得更低、改善購物的體驗等等——把亞馬遜的飛輪打得戛然而止。這時，顧客立即蜂擁改道，移到競爭對手的網站（簡單之至，在鍵盤敲下網址就好），增加的流量又會再為競爭對手贏來更多的供應商，也就再可以壓低價格，增加商品的選項，然後又再吸引來更多的顧客——還都是亞馬遜的顧客。

「顧客從來就不會滿意的，」貝佐斯二〇一八年四月接受訪問時便說，「他們總是覺得哪裡不知少了什麼，總是要你再多做些什麼。不管你跑在競爭對手前面多遠，你永遠落後顧客一步。顧客是一直在拖著你往前跑的。」

亞馬遜崛起，就因為貝佐斯有這樣的急迫感。這樣的心理，有時也會為他的員工帶來莫大的壓力，逼他們不迎頭趕上不可。貝佐斯的另一條領導心法——**沒有最高標準不行**——就把亞馬遜的期望值設立得十分清楚：「領導人都有高得不得了的標準——許多人大概還會覺得標準高不可攀。」

我訪談過一位亞馬遜的前員工，他決定到亞馬遜去任職的時候，跟他太太和孩子講的話是：「爹地要上戰場囉。」而他也落得連年的感恩節大餐時，都在忙著為亞馬遜的營業目標賣命。珊蒂・林，就是在亞馬遜當過高級經理那位，把她在亞馬遜任職期間常聽到的一句話說給我聽：「你在亞馬遜要是有本事把清水變醇酒，馬上就有人會問你：『欸，怎麼不是香檳？』」亞馬遜上下的習性，由此一語道破。

「那篇文章啊！」

設下的標準既然高到這樣的地步，亞馬遜自然像在有形無形當中鼓勵大家做個不健康的工作狂。二〇一五年八月十五日，亞馬遜企業文化最糟糕的狀態在大眾面前原形畢露，《紐約時報》刊出一篇五千字的報導，下筆如刀，標題為：〈亞馬遜探祕：在傷人的職場拿遠大的創意角力〉（Inside Amazon: Wrestling Big Ideas in a Bruising Workplace）。

這一篇報導現在在亞馬遜員工嘴裡還是叫作「《紐時》那篇文章啊！」，其中把亞馬遜刻劃成無情、苛刻的工作場所：員工日常動輒會遇上尖銳的批評，上面也鼓勵員工透過專門打造的回饋工具去打壓同事。工時會拖得很長，放假、度假、週末也不得休息。就算遇上罹癌或是胎兒死產這樣的事，回去上班還要提「績效改進計畫」，聽人數落自己私生活的問題要自己解決才好，不然就掃地出門。亞馬遜的員工過得大多很慘。《紐時》還把一句話放在文章最上面，是亞馬遜一名前員工講的——這句話亞馬遜的員工現在還會提起——「和我一起工作的人，幾乎每一個我都看過在自己的辦公桌邊掉淚。」

《紐時》的文章一登出來，亞馬遜在聯邦湖南的總部到處聽到電話鈴響。「你還好吧？你在那裡做事還好吧？」那時在亞馬遜當供應商經理的伊蓮．關，就接到紐約那裡的一位品牌聯絡人因為擔憂而來電問候。鮑德溫那時正好在看醫生，結果醫生問他在辦公室有沒有哭過（他沒有）。

《紐時》的報導出來後，亞馬遜馬上點起烽火朝《紐時》開戰，要打翻報導的公信力。傑．卡尼（Jay Carney）時任亞馬遜的高級副總裁，曾任白宮發言人，在部落格平台 Medium 發文：〈《紐時》沒說的〉（What *The New Yrok Times* Didn't Tell You），矛頭特別對準了那位在《紐時》中說亞馬遜員工在辦公桌邊落淚的前員工。「他在亞馬遜任職的時間很短，而且是因為內部進行調查而離職的，我們查出他欺騙供應商未遂，還偽造業務紀錄掩蓋事實，」卡尼文中寫道，「我們拿證據找他對質，他承認不諱，也立即辭職。」

《紐時》的編輯狄恩．貝奎特（Dean Baquet）馬上還擊：「他在報導中的那一句引文，符合目前、之前在亞馬遜任職的其他人士說法。亞馬遜員工在公司當眾落淚一事，其他部門有幾名人士也有相當近似的說法。」貝奎特所作的回覆，一樣是在 Medium。重量級對陣，出的都是重拳。

《紐時》的文章重拳揮來，貝佐斯馬上發電郵給全公司：「我不認得這樣的亞馬遜，也希望各位跟我一樣不認得，」貝佐斯寫道，「即使是罕例或孤例，我們對這麼沒同情心的事情應該絕不通融。」這麼久以來，亞馬遜始終都說他們的體系、制度、原則未曾因《紐時》的文章而有改變。不過，《紐時》的文章登出之後，亞馬遜還是動手處理他們的問題。

亞馬遜將他們原有的日常調查予以擴大。這調查叫作「聯繫」（Connections），用來了解公司的文化需要改善的地方——問的是這類問題：你上一次和主管一對一談話是什麼時候？你主管的作為是否符合領導心法第X條？這調查最早是二〇一四年在北美區各物流中心啟用。這時，亞馬遜運用先前累積的資料，做出改編版，調查起自家的企業文化。

亞馬遜有前員工跟我說，「亞馬遜極為在意輸入和輸出，結果，現在冒出來這樣的輸出：《紐時》寫了一篇報導。這樣的輸出一點也不好。而有這樣的輸出，是因為輸入的關係。」他解釋說亞馬遜作的調查，便是在檢測構成輸入的一件件小事。「你從你要的輸出倒回去走，同時發明新工具、新作法來做。」

亞馬遜跟著作了一些改變。亞馬遜簡化他們的考核。先前他們的員工要寫很長的自我評量，繞著領導心法作架構，有時一寫長達十幾頁。現在，他們的員工只要列出自己的「超能力」就可以了。亞馬遜也將他們的升遷制度作了簡化。先前他們是要主管在眾多同僚面前為下屬爭取升職，消弭質疑，而最終決定權是在眾多同僚手中。所以，要是你的主管不願為你爭取，或是才剛為另一個員工耗掉手裡的人情籌碼，這時就算你業績超群，也可能沒有晉升的機會。亞馬遜便將這樣的過程簡化，准許主管透過軟體工具呈交晉升名單。亞馬遜還將他們領導心法裡的「**勇於公開批評自己**」扔下船去，把其中重點挪到「**贏取信任**」裡，再加進新的一條：「**勤學、求知**」（算是「勇於公開批評自己」的清唱殘存版）。一名現任的亞馬遜資深員工跟我說，如今亞馬遜的平均年資比《紐時》文章之前要長了。

《紐時》這一篇文章除了拿擔憂的親友、業務夥伴打的電話，加上親自去找醫生詢問來充數之外，亞馬遜有些員工還覺得這篇文章有一件事也很奇怪：他們進亞馬遜不就是為了這個嗎？我訪談過的亞馬遜員工，絕大多數都知道進亞馬遜工作會很辛苦。他們樂得進這樣一家公司來迎向機會和挑戰，畢竟你覺得你能扛多少責任公司就讓你扛，你願意多賣力他們就讓你多賣力，也相信你有能力將腦子裡的構想化作現實。亞馬遜員工即使跳槽到谷歌或微軟，亞馬遜的同仁一樣祝福他們離職快樂。

「你在《紐時》那一篇文章讀到亞馬遜的員工做事做到掉眼淚，大家憋在心裡的想法其實是：『這樣可沒資格當亞馬遜員工。』不夠強悍啊。」亞馬遜有前員工這樣跟我說，「在亞馬遜工作是很辛苦，這也是吸引大家來亞馬遜工作的部分理由。我們才不要白吃的午餐，你懂我意思吧？」

用科技腦發揮創造力

我找現在、以前在亞馬遜工作的人作訪談，感覺他們比較在乎的是在貝佐斯手底下做事能做出什麼名堂，而非他們做的是什麼名堂。而在貝佐斯的創新文化裡過日子（還有人工智慧系統幫大忙，把大把時間才做得完的事情接過去代勞），他們學到了用科技的方式去發揮創造力。

我們的社會都認為有科技腦的人沒有創造力，有創造力的人沒有科技腦。我們把藝術家、音樂家劃歸到一排，程式設計師、數學家劃歸到另一排：也就是右腦一邊，左腦另一邊。貝佐斯在亞馬遜就教大家要把兩邊合而為一。他帶大家想像未來，寫成科幻小說，再寫成程式碼，自動化，之後繼續再去想另一個。還有，在這過程你可能被他修理。

我訪談過的人有許多都將這種科技創造力運用在人生的下一步。在亞馬遜當過高級經理的珊蒂．林，就成了Skilljar的創辦人兼執行長。Skilljar是線上訓練公司，集資超過兩千萬美元。伊蓮．關當上了Kwontified的共同創辦人和管理合夥人，Kwontified是電子商務軟體和服務公司，她現在也在將公司一些內勤職務自動化，跟亞馬遜當年把她一部分供應商經理的作業自動化一樣。鮑德溫在協助初創企業的創投公司Madrona Ventures任職，總部設在西雅圖。艾克曼現在在嬌生公司（Johnson & Johnson）主管供應鏈業務，也在將亞馬遜作業的精髓引進嬌生這家一百三十歲的老大製造商。赫布里希在二〇二〇年一月跳槽電子商務公司 Zalando，準備引入機器學習，跟他在亞馬遜做的一樣。同時呢，依威爾克目前的架勢，看來是要在貝佐斯終於退休時接手，只是看起來還有的等。維爾迪現在很可能在亞馬遜一處物流中心四處巡視，滿臉含笑與同事寒暄。

有一次訪談，我得在亞馬遜的總部逛一大圈，這就發覺到處都有跡象看得出來，貝佐斯想把旗下員工塑造成什麼樣的人。有海報宣揚 Echo 和 Prime Now 快速到府的創新，海報上有發明團隊的親筆簽名。有一面牆上是很大的字詞搜索圖，正中央特別明顯的一個字是 **invent**（發明）。他們總部有三座很大的玻璃建築，叫作 Spheres（光球），裡面種滿罕見的奇花異卉，另還有許多小面積的工作區，用意都在激發創造力。

貝佐斯辦公的地方，便是命名相稱的亞馬遜「首日樓」，第一家 Go 也開在這裡的一樓，還開放外界購物。我看向店門，正好有一群觀光客從裡面走出來，一個個滿臉疑問，四下探頭探腦，想搞清楚貝佐斯到底是怎麼辦到的。

第2章

祖克柏的回饋文化

Facebook

禮拜一早晨陽光普照，緬洛園內一群臉書員工總計十三名，聚集在一間敞開的大房間內上課，上的是「質問」同事的巧技。

這一群有經理人、個別撰稿人、工程師、行銷人員，他們各自就座，相互微笑致意一下，就靜下來，有一點緊張，等著梅根．麥狄維（Megan McDevitt）宣佈這一堂回饋訓練開始上課；麥狄維原先是小學老師，後來轉行擔任臉書的「學習發展夥伴」。

麥狄維說回饋意見不僅是臉書鼓勵大家去做的事，還是必須去做的事。要是看到你覺得可以改進的事，你就有責任講出來，即使必須把自己的上司或是上司的上司拉到一旁說話，說的還不算是好話，也要照講不誤。「我們希望回饋可以到達四面八方，」麥狄維說，「回饋的對象要是職位比你高，我們希望你還是要講。階級在這裡一點也不重要。」

接下來四小時，麥狄維帶著這一群人練習臉書內部回饋意見的要領。假如有人絆住一件計畫造成耽誤，有人開始管東管西吹毛求疵，或者是開會不讓你表達意見，那就要開一下小小的意見交流會了。而且，處理這樣的事情也沒有什麼時機好不好的問題。你在臉書隨時隨地可以把人拉到一邊，說：「欸，我有一點意見想跟你說。」麥狄維帶的這種意見交流課，臉書有百分之四十以上的員工都去上過，有助於在臉書建立成制度。

臉書上下用的回饋作法，是從 VitalSmarts 這一家培訓機構拿過來用的。要點有三：一、只說事實；二、表達想法；三、徵詢一下。所謂講「**事實**」，是指針對實際發生的狀況作客觀的陳述。例如：「我們上次談事情的時候，你說你幾天後就會給我答覆，現在都過去兩個禮拜啦。」所謂「**想法**」，是說明你為什麼覺得這樣的情況不太好。例如：「我曉得你大概被工作壓得喘不過氣來，我心裡也想你大概不太同意我這方案的走向，所以才一直沒回我。」至於「**徵詢**」，是指說出來的問句要有助於解決事情。例如：「你能說給我聽聽、讓我了解一下嗎？」

等到麥狄維點名學員來模擬時，氣氛就緊張起來了。看得出來，當面跟人家說你覺得他做得不夠好，即使只是角色扮演，也不是輕鬆的事。（那時我坐在靠前的位置，在作第一次模擬的時候，就很想找個地洞鑽進去。）不過，多練習幾次之後，大家「質問」的功夫就愈來愈順了。

上了一天課，情緒消耗頗大，麥狄維準備下課了，跟學員說每人都要自行帶動一次棘手的意見交流，最好是二十一天內完成，要大家記下來。

一名學員抗議了，「又沒人說我們要加入！」

「那我現在跟你說，時候到了，」麥狄維回他，「這樣的對話要是沒真的去做，就不會有真實的作用。這件事背後的原理不巧就是這樣。所以，大家都要加入。」

教室裡的眾人笑了笑，都有些尷尬。但沒人再作申辯，一個個拿起了筆在紙上寫了起來。

脆弱的臉書

麥狄維上的課，雖然是在傳授臉書員工回饋意見的門道，但也有助於員工接受這樣的制度。上這樣的課，能學到臉書要求回饋意見，不是為了打擊大家，而是要大家去接觸不一樣的觀點。這可以是相互討論問題，也可以是單純聽別人說：「嘿，我有個想法應該可以試一下，要不要聽一聽？」大多數的組織都因為自負和怯懦，不太做得到這些。但在臉書，因為開了這樣的課程，加上願意參與的人多，這樣的事幾乎都習以為常了。

臉書打造的回饋文化，對祖克柏的功能類似於貝佐斯的六頁書備忘錄。祖克柏的回饋制度讓大家相信公司裡每個人的話都值得去聽，這樣一來，任誰有新產品的點子，不論出自哪個角落，在臉書都出得了頭，通常還可以直通祖克柏跟前。

這一條創意通道，相當於臉書的命脈，臉書可是幾大科技巨擘當中最脆弱的。臉書自己沒有普及的作業系統，要保住用戶不跑掉，除了維繫用戶對他們產品的興趣，別無他法。只要臉書沒辦法吊住用戶的胃口，注定萎縮，最後滅亡。不是每隔幾個月就會有大標題冒出來，提醒大家臉書的地位不牢固嗎？像是青少年用戶流失、每日活躍用戶的數字走勢遲滯、分享的次數下跌等等。「臉書的危機是很嚴重，」庫班跟我說，「畢竟臉書不是必需品。」臉書為求生存，創新的腳步不快不行。

二〇一九年九月，我再到緬洛園一次，和祖克柏又再聊了一會兒，一開頭的問題就是臉書要是停下創新的腳步，那會怎樣？我原以為這問題很簡單，沒想到祖克柏笑了一下，想了想沒找到答案，就一如既往地反問起我。

他說：「那你怎麼看？」

我答：「那臉書可就慘了。」

「沒錯，再明白不過。」

我再說：「臉書應該就會垮了。」

「我是從沒想到停不停下來的，」祖克柏還在找他的立足點，「這問題怪怪的。」

關於停滯不前這樣的事，祖克柏是不太懂有什麼好想的，畢竟他要打造的臉書文化就是要不斷激發創新，而且只能快不能慢。他說臉書就是一有新產品可用就要馬上推出去，就算打磨得不到火候也無妨，有了回饋的意見再改就好。正因為這樣，祖克柏才會把回饋放在其他事情前面，不過只限於臉書內部，外界的回饋意見他倒是常常置之不理，這一點算是失策，動輒害得臉書陷入危機。[3] 臉書做的是創新、改善，然後再創新。亞馬遜做的是永遠都在第一天，臉書呢，跟他們內部愛說的一樣，先做好百分之一就行了。

「『行動要快』在這年頭常挨罵，因為一般人都把這看作是『你做就好，結果怎樣無所謂』。我們從來沒拿這作目標，」祖克柏說，「不過，基本是這意思沒錯：怎樣可以盡可能學得快？」

快速創新既是臉書的「賞」，也是臉書的「罰」。臉書挾其創新、適應的能力，即使幾經挑戰，像是用戶疲乏、運算法更迭，依然保得住他們舉足輕重的地位。只不過他們推陳出新的速度太快，超出控制，甚至還常常超出負荷。當臉書「行動不夠快」，沒來得及應付自家產品的問題——例如二〇一六年美國總統大選之前的狀況——就會釀成大災難。所以，臉書能否減輕這個制度的缺點，便是他們是否存續長久的關鍵了，跟是不是有新產品一樣重要。

祖克柏有感而發地說：「朝同一方向急匆匆一直往前走，走的方向對不對不用開放的態度來看，也不作審慎的檢視，終究會帶你走入險境。」在這上面，他是備嘗苦果。

打造回饋的文化

祖克柏對於徵求回饋幾乎像著迷一樣，依他的出身背景，也算是天生的吧。祖克柏和貝佐斯、皮查伊、納德拉不同，他在之前沒做過別的工作。二〇〇四年他在哈佛宿舍創立臉書時，根本不懂公司應該怎麼經營。等他從哈佛輟學，他的學習門路就是去問懂的人。

《華盛頓郵報》先前的老闆唐．格雷翰（Don Graham），便是祖克柏的顧問，而且有近十五年的時間了。兩人是在二〇〇五年認識的，由祖克柏在哈佛的同學引薦，該同學的父親就在華郵做事。格雷翰跟我說，他們兩人剛認識時，祖克柏好像連營收不同於盈利都搞不清楚。那時祖克柏年輕、稚嫩，開了一家只有六人的公司。後來即使公司日益壯大，祖克柏還是不時打電話給格雷翰請益，格雷翰也樂於指導，因為他覺得祖克柏樂於接納他人的意見。格雷翰提過要投資臉書（因為後來有更好的投資進來，所以被祖克柏拒絕了），最後加入了董事會。

「馬克是個很願意聽的人，」格雷翰跟我說，「我當然看過他堅持己見，有好幾次他的顧問大多覺得他不應該怎樣，但他還是一意孤行。但我也見過幾次馬克就算看法相當堅定，還是改變了主意。他是個懂得學習的人。」

二〇〇六年，祖克柏打電話給格雷翰提出不太尋常的要求。「他打電話找我，這很少見的，他說：『我現在知道我們已經大到一個地步了，而我當的是執行長，腦子裡該想的不應該只是我前半輩子一直在想的了。』——就是程式碼什麼的——『我想到你那裡去跟著你觀摩三

---

3 臉書不太理會大眾回饋的意見，是有很長的歷史的。臉書成立早年，面對用戶集結抗議動態消息和獨立即時通 app 這樣的新功能，立場始終十分堅定，一點也不退讓。在臉書嘗到了「威武不屈」而產品成功的滋味之後，大眾的怨言跟著被他們當作習慣問題，不要管它。這樣的態度也害得臉書遇上種種危機。像是枉顧用戶隱私權、輕率處理用戶個人資訊、對發佈到平台的暴力內容看似毫不在意、面對外國勢力操縱美國大選漫不經心，都是不時發作的老毛病而已，其他還多著呢。祖克柏要是願意把他聽自家人意見的注意力，挪出幾分之一去聽外面人的意見，臉書現在的處境應該會好很多。

天。』」格雷翰回想那時候，「我心想，真荒唐，這輩子沒聽過這麼笨的事。我跟馬克說，我在這裡當的執行長和他當的執行長，可是天差地別。但他說：『不管，我還是要來。』」

祖克柏去了，跟在格雷翰身邊四處走，將全球數一數二大報的內部作業吸收消化，還幾乎沒人認出他來。格雷翰說：「我帶他到外面去看我們的報紙是怎麼印的。這邊講的可全都是類比的經驗，老技術了。然後報紙就印出來啦，送進送報車。這根本不是他的世界。但他看的是人與人之間的關係。」

那次祖克柏跑到《華郵》跟在格雷翰身邊觀摩過後兩年，他又再打電話給格雷翰，提出另一項請求。這次他想請格雷翰居中引介，帶他認識貝佐斯。因為他也要當貝佐斯的跟班作觀摩。格雷翰將祖克柏的要求轉達給貝佐斯。只不過，當初祖克柏跑到《華郵》當跟班沒驚動誰，但是幾年下來，祖克柏的聲勢卻已大漲。所以，後來買下《華郵》的貝佐斯打電話給格雷翰。「欸，應該會很有意思，」他跟格雷翰說，「可是啊，唐，除非是安潔莉娜．裘莉（Angelina Jolie）來當跟班，我才不搞這檔事，弄個馬克．祖克柏來讓大家圍觀，那不什麼事都停擺了？」

我問格雷翰，貝佐斯和祖克柏可有類似的地方。他說有，兩人對於新看法都來者不拒，連很瘋狂的看法也是，而且不計較看法的出處。「我跟傑夫提了個念頭，最最最中間偏左的人才有的念頭：買下《華郵》，我還沒做一點推銷喲，」格雷翰說，「他那人啊，前半輩子都沒有這樣的念頭，但是一點就通。」

內部創意通道

祖克柏樂於傾聽，樂於學習，但也懂得當機立斷。他的回饋文化保障公司裡的人才和創意不會被階層組織綁住，但不等於他不用階級組織。只要祖克柏喊一聲，臉書全員報到。只要有點子，任誰都有管道可以冒泡，浮到祖克柏面前，這一條條管道便是臉書運作的命脈。點子在臉書冒泡的管道主要有四：一是祖克柏的「週五問與答」（Friday Q & A），一是臉書的內部群組，再來是祖克柏身邊的小圈圈以及他開的產品檢討會。

祖克柏的「週五問與答」在臉書還只在一間小房間裡辦公的時候就已開始了，也就是二〇〇五年，那時叫作「週五閒晃蕩」（Friday Hangs）。娜歐蜜．葛雷特（Noami Gleit）跟我說：「不過就是跑去吃中國菜、到處晃，放鬆一下罷了。」她是臉書年資最久的幾位員工之一，擔任產品管理副總裁。如今，臉書已經改在網上直播進行「週五問與答」，選了大自助餐廳作場地，還有主持人控場。

祖克柏利用「週五問與答」來為臉書「把脈」。臉書的人力資源主管蘿莉．高勒（Lori Goler）跟我說，祖克柏要知道「大家都在想什麼，都在轉什麼念頭，在問怎樣的問題，氣氛怎樣。」這就等於敞開大門，隨便讓人對公司接下來又該發明些什麼發表高論了。「他們可能會針對某一產品的策略提問，順口說：『我對這產品的意見是這樣的——關於策略，你們是怎麼想的？』」

臉書內部另外還有數以百計的群組讓員工日常閒聊，員工在群裡討論公司產品、打聽其他團隊的事、給高級主管打分數。臉書員工的點子便是經由這些群組往上冒泡，漂到祖克柏和他身邊副手的跟前；祖克柏本人和經營團隊還會親自下海加入討論。臉書看出他們這樣的內部社群網路具有商業價值，便對外推出了 Workplace 這產品，如今沃爾瑪、達美樂（Domino）、Spotify（聲田）都是他們 Workplace 的客戶。

臉書員工的想法得以下情上達，祖克柏身邊的團隊功不可沒。祖克柏也很重視他晉用到身邊的人都願意講逆耳忠言（只是未必都有效用，後文很快就會談到）。臉書的領導團隊將《給予》（*Give and Take*）奉為圭臬，這是華頓商學院（Wharton）教授亞當・格蘭特（Adam Grant）的著作。書中將人分為四類：討人喜歡的給予者、討人厭的給予者、討人喜歡的索取者、討人厭的索取者。這樣的分類簡單明瞭：討人喜歡的人大家喜歡，討人厭的人則否。給予者樂於為公司付出。索取者勇於向公司索取。

而臉書高層並非人人都屬於「討人喜歡的給予者」。葛雷特跟我說，「有一件事馬克會掛在嘴邊，我們講起領導團隊也都會說到，那就是組織裡最寶貴的人才，有的可是屬於『討人厭的給予者』。」她說，「對這樣的人，我們其實會想辦法保護。我看馬克都會把這樣的人放在自己身邊。他們不會跟你說你想聽的話，而是他們真心在想的話。」

由這一點，可以解釋祖克柏為什麼會把彼得．提爾（Peter Thiel）留在董事會，這位創投專家身上的爭議可是很多的。「很多人才不想要提爾坐在自己的董事會裡，因為他那人太愛唱反調了，馬克卻願意。」格雷翰和提爾同在董事會裡共事多年，他說，「彼得是董事，是因為他是臉書很早就有的投資人，但馬克願意讓他留下來，是因為彼得最愛大聲嚷嚷一些馬克不同意的看法。」

祖克柏才三十五歲，親信的小圈子都是資歷比他強的人，這樣他才好偷師學藝。桑柏格便是他學藝的不二人選。祖克柏二十三歲時，了解到他需要找人來幫他壯大公司的業務，所以找上了桑柏格。桑柏格那時是谷歌的全球線上銷售暨營運副總裁，柯林頓（Bill Clinton）總統任內還曾在白宮任職，也數度有矽谷的公司想請她出任公司執行長。祖克柏之前在他的公司一直全權在握，為了邀桑柏格進董事會，他主動讓出臉書的廣告、政策、營運等部門的控制權。桑柏格打電話給格雷翰——格雷翰在柯林頓卸任後，曾經想把桑柏格挖到《華郵》去幫他——作過掏心剖肺的分析之後，桑柏格同意轉戰臉書，出任總營運長至今。

臉書有了桑柏格助力，壯大成為數十億美元的大公司；若非有桑柏格，臉書不可能有今日的聲勢。但是，近年幾件臉書的醜聞，她也正是風暴的核心。臉書用戶不信任這家公司，一大原因便在她的廣告業務團隊搶數據搶得太凶。而二〇一六年美國總統大選，她的團隊怎麼會願意收俄國人的盧布讓他們大買美國的政治廣告，至今還是科技史上最費解的謎。桑柏格的會議室掛的名牌是「只聽好事」（Only Good News），可是，臉書的意見回饋課程卻是她建立起來的，這就很怪了。

有桑柏格幫祖克柏打理臉書的生意，祖克柏便把精神集中在創造新產品、新服務這方面的事了（說不定還有一點過了頭）。他下午的時間大多在和產品經理開會，檢討他們的工作，打電話指點他們該走的方向。這些產品經理的回饋，對於他們公司的走向都是重要的決定因素。麥可・霍伊弗林格（Mike Hoefflinger）當過臉書的董事，寫過《成為臉書》（*Becoming Facebook*）一書，他跟我說：「祖克這人啊，至少在臉書內部，可是好不容易才建立起他聽得進別人勸告的名聲呢。」

而在商言商，運算法變革的威脅可能推翻臉書年歲尚淺的社交網路；值此關頭，臉書的回饋制度可能便是他們存亡絕續的關鍵。

臉書的「第一天」

臉書在二〇一一年遇上了大麻煩。這家公司是打造出性能很好的網站，只是，他們的手機軟體問題多多而且速度很慢，成了他們的大麻煩。由於大家開始用手機上網，桌上型電腦反而少用，耗在手機上的時間跟著愈來愈多。有了這樣的麻煩，容易搞得大家沒興趣再用臉書，臉書連帶會被擠到無足輕重的牆角去。

臉書的應用程式不太給力，主要是因為他們不願針對手機應用去調整他們習慣的開發作業。臉書在建立桌上型電腦網站時，只顧搶先出新功能就好，之後再看數據作調整，推出修正版。他們的網站可以每天更新不知多少次，因為只要點一下「重新整理」就可以了。可是，做手機軟體時，臉書的程式需要放進 iOS 和安卓系統去作稽核而且很耗時間，因而大大削弱了臉書的靈活度。

由於應用軟體用得愈來愈多，祖克柏便想把臉書用在桌機的作法硬套進手機軟體，所以建了行動裝置網站，再在 iOS 和安卓的原生碼上面加裝原生碼「包裝函式」（wrapper）。這個包裝函式可以把網站包裝得像行動軟體，在 App Store 上架，但是照舊每天要更新好幾次。只是，這樣的混種產品用起來的性能實在不好，這下子，他們真需要有人把祖克柏拉回正途了。

這人便是柯瑞．翁德列卡（Cory Ondrejka）。有一次祖克柏坐鎮「週五問與答」過後，時任臉書行動工程副總裁的翁德列卡把祖克柏拉到一旁，跟他說公司一定要檢討經營模式，才能在手機這一塊致勝。翁德列卡說臉書不應該花力氣只顧著保住老方法，而應該從原生程式碼下手，拿自家的程式去用在作業系統上面。要做到這一點，祖克柏就必須接受：不可以再像以前那樣隨意用迭代（iterate）來改善程式就好，而臉書的應用程式也因此有機會好好運作。

「我跟他說，依目前走的路到不了我們要去的地方，所以一定要改弦易轍，」翁德列卡跟我說，「改變一定很難，但我知道新的路線一定走得通。」

翁德列卡的構想，祖克柏願意嘗試一下，便給了他一小組人馬去開發原生語言程式來作試用。幾個月後，翁德列卡的實驗產品用起來比臉書的網頁應用程式要好。作產品檢討時，事實就明擺在眼前，祖克柏也無法否認，所以，全公司就這樣來了個大轉彎，開始建立原生碼應用程式。

「我清楚記得那時我的反應是：『這你有把握嗎？要不要再多作一點壓力測試？』」祖克柏跟我說，「但過了一陣子，反應就變成了：『好吧，唉，假如真是這樣，那公司的規劃還真是會有天翻地覆的變化呢，只是，真有必要這樣去做，那就來看看怎麼去做吧。』」

臉書要有自己的原生碼應用程式，表示臉書的經營模式會有很大的變化。臉書必須檢討他們推出新功能的速度，從一天幾次換成兩個月一次（這間距後來還縮短了，現在幾乎回到原先的正常值了）。臉書也要重新構想一下聘雇人員的事情，先前把原生碼程式的開發人員直接從徵才流程排除出去，這時要拉回來了，還要訓練現有的程式工程師去寫原生碼作業系統。二〇一二年八月，臉書推出他們的原生碼 iOS app，速度比原先的網頁應用程式要快，問題也少得多。四個月後，臉書的安卓 app 也問世了，一樣有類似的改進。臉書有了這些改造過的 app，站得就比較穩了，可是翁德列卡還沒完呢。

翁德列卡在開發程式期間，回去找過祖克柏，再提出別的意見。他畫曲線向祖克柏解釋臉書的用戶改用手機的速度有多快，臉書的手機程式使用狀況又是怎樣的走向——持續向上。臉書必須再多作改變。

「我看看那成長曲線，再略微加速把曲線往未來再拉出去一截，那樣的曲線，看得你不禁會說：『欸，這根本就做不到嘛。』但要是想貼近那樣的曲線，手機就要占去全公司過半的工作量才行，而且要快。」翁德列卡說，「而且，我們一直沒掉到預測值下面過，我畫的那一條曲線看起來離譜，但我們轉向手機的速度還比曲線要快。」

翁德列卡對著圖表曲線，建議祖克柏把臉書專門處理手機事務的團隊解散，改為全公司都去開發手機相關的應用。祖克柏就這樣很快轉了方向，要求公司的產品經理以後只拿行動裝置的示範試用版給他看。有誰只拿桌機模型來的，會被他踢出去。這是臉書命運的轉捩點。臉書的手機體驗就此大幅改善，如今臉書的廣告營收超過百分之九十是從手機來的。

臉書的手機轉型記，有「神話」說是祖克柏有一天靈光一閃就開悟了，作出這麼高明的決定，把公司的定位一舉拉到智慧型手機的時代裡來。其實不太對。真正的癥結其實是祖克柏為臉書打造的回饋制度。臉書上下將這樣的文化吸收消化過後，給祖克柏的便是想法——不好下嚥的想法，要他對公司的經營再作檢討——而這樣的想法最後救了臉書倖免於難。

從公告周知到只限親友

臉書轉向手機，幸而逃過一劫。然而，沒過幾年這家公司便又遇上另一劫數，他們最重要的產品「動態消息」走得步履維艱又呆滯笨重。動態消息在臉書早年可是活潑機靈、敏捷不羈、難以捉摸的。一打開，無奇不有，狂野的派對照片、朋友稀奇古怪的狀態更新、你認識的人竟然扭扭捏捏地跟你賣弄風情（但白忙一場），諸如此類。

只是臉書日益壯大之後——有一部分原因就在於臉書在手機上用得太順——他們的動態消息也跟著變質了。大家經由臉書不停和他人連結，聯繫的網絡也從小小一批親朋好友，變成生活裡遇見的各色人等大雜燴。而且，聯繫網愈來愈大，大家就開始自己作起過濾。一般人可不願把自己的真面目放出來給萍水相逢的人看。

臉書用戶建立的連結網愈來愈大，動態消息的演算法要處理的貼文也就愈來愈多。互動最多的自然排在優先，展示的也以生活中最美好的事情為主：訂婚、結婚、小寶寶出生等等。除了這類生命里程碑，要再隨興分享別的貼文，大家反而有顧慮了，生怕給人輕浮隨便的印象。所以，到了二〇一五年，大家在臉書分享的原創貼文變少，動態消息也只剩下往昔風情的空殼子而已。

臉書的經營高層看出有大問題，便著手處理。「看得出來臉書的動態消息氛圍變得愈來愈有壓力，」菲姬．席莫（Fidji Simo）是臉書的應用程式主管，她跟我說，「我們調查裡的人都跟我們說：『是啦，比起兩年前，現在要我跟別人分享事情，我是沒那麼自在了。』這絕對是警訊，在警告你要趕快創新，找到對策來解決問題。」

臉書不想淪為無足輕重，就必須把時鐘倒轉回去。即使臉書的用戶這時已經超過十五億，臉書也一定要讓用戶與人分享的時候，可以限定在數量比較少、目標比較明確的群體當中。所以，臉書這時又不得不再從裡到外翻新一遍。

至於臉書該以什麼為優先，這時自然就現形了。一般人對於分享，既然不敢再像以前那樣只要認識來者不拒，自然會開始多在臉書的社團作分享——這是興趣相似的人群組成的網絡，目標比較明確。例如新手父母有帶寶寶的問題，去問同是新手父母的人，比發給每一個認識的朋友，會自在一點。所以他們會改到那樣的社團去分享。

「從二〇一五、二〇一六年開始，突然就熱了起來，」席莫跟我說起臉書社團，「熱起來的理由，單純是加入的人變多。我們倒沒做什麼很不一樣的事，只是，用戶開始瘋了一樣用起這產品。」

眼看社團成員每個月以數千萬人的數目攀升，臉書趕緊大力推廣，為社團管理員推出新的工具，內部也為「有意義」的社團成員數量設立高標，開始在臉書的公共即時通訊叫賣社團。社團裡的貼文會出現在社團成員接收到的動態消息當中，順勢帶起了動態消息原本消沉的活力，使得臉書又再像大家可以安心發文的地方了。「臉書的社團絕對幫 app 還有動態消息注入了活力，」席莫說，「絕不會錯。」

雖然臉書的社團為動態消息注入續命的活力，卻沒觸及親友分享這一塊。這一塊原本才是臉書的主糧，這時卻朝別的地方靠攏過去。

矽谷華人氣味最重的公司

臉書才正忙著解決他們動態消息的麻煩，成立未久的傳訊程式 Snapchat——由性子囂張跋扈的史丹福大學研究生艾文．史匹格（Evan Spiegel）領軍——正好推出了一項功能，「限時動態」（Stories），供用戶和朋友分享圖片、影片，而且二十四小時之後自動刪除。Snapchat 的用戶就愛限時動態這軟體可以讓他們痛快發文不用擔心（這是和臉書比較，臉書上的貼文人人可見，而且永久不去），帶動起這一款 app 的用戶大爆炸。祖克柏先前出價三十億美元要買史匹格的公司被拒，到了這時就輪到史匹格出手重擊祖克柏的痛處了。社群媒體玩的是「零—和」的賭局，用戶耗在某一平台的時間，等於另一平台要不到的時間。史匹格這方有的是活力和分享的次數，正一路推著他的公司朝搶手的熱門 IPO（首次公開募股）前進。

Snapchat 一飛沖天之際，有個十八歲的程式開發人員麥可．賽蒙（Micheal Sayman），也加入了臉書的陣營。賽蒙寫了一款遊戲獲得祖克柏垂青，在二〇一五年雇他到臉書擔任正職工程師。賽蒙在新人訓練時聽說臉書的經營階層對別人的構想、意見向來來者不拒，便放在心上。他跟我說：「這話我信。」新人訓練還沒完，他就已經想好要作一場簡報，說明現在的青少年是怎麼使用科技，而這些青少年又已經轉移陣地到 Snapchat 去了。為了這些青少年，臉書應該怎麼做才對。

賽蒙的年紀才剛可以買樂透，卻已經在臉書的經營高層面前發表他的看法，而且，沒多久他就見到了祖克柏。他的簡報原先沒打動誰，但是當時在臉書負責產品部門的克里斯・考克斯（Chris Cox）說動祖克柏分派一小批人馬給賽蒙，作一下實驗也好。「什麼藍圖也沒有，」賽蒙跟我說，「我有的不過是一些想法，不過，他們覺得應該隨我去發揮創意，所以就點了幾個人頭給我，讓我去搞，一點問題也沒有。」

過了一陣子，賽蒙眼睜睜看著身邊同年紀的人在臉書各種 app 上分享的東西愈來愈少，在 Snapchat 卻愈來愈多，便將注意力轉到 Snapchat 的限時動態。他覺得臉書應該也要有限時動態這樣的產品。「我要他們覺得 Snapchat 會威脅到公司的命脈，」他說，「我要臉書開始緊張。」

賽蒙把他擔憂的事向祖克柏說了，只是祖克柏早就從旁人那裡聽過類似的結論。然而，賽蒙本身就是青少年，這就是無價之寶了，可以協助祖克柏學習 Snapchat 的文化。「他可以指點我們，『我追的媒體是這個』，或者，『我覺得這些人才是有影響力的，都很酷』，」祖克柏說，「我便去追蹤他們，找他們談話，請他們進公司來。最後，就像迭代的學習過程，學著找到要緊的是什麼。」

祖克柏說他會在 Instagram 追蹤這些潮流領袖（tastemaker），也證實他一樣在用 Snapchat。「這些東西我能用就用，」他跟我說，「真想學東西，多的是課可以上，好多人都可以跟你說什麼事情你還可以做得更好。你要是真想知道大家想要什麼，多的是人可以給你很多指點的。」

這類的試驗也讓祖克柏遇到意想不到的狀況。「我們一開始在考慮為臉書建立正式的交友服務時，我就到每一家提供交友服務的網站去註冊，」祖克柏說，「一天我把我註冊的一款 app 秀給普麗西拉（Priscilla）看；在那一款上你每天都可以和一個人配對。我跟她說：『妳看這 app。』結果她說：『我明天晚上跟她約了吃飯呢！』」他那天配對的人是他太太的朋友。後來晚飯怎樣了，沒聽他說。

賽蒙也說祖克柏確實很樂意去學 Snapchat 那方面的事情。「他會發快照（snap）給我，我就會批評他發的快照，」賽蒙說，「我跟他說：『不對，馬克，不是這樣子玩的。』」

最後，臉書內部支持限時動態的洶湧聲浪——由賽蒙等幾人帶起來的——終於傳到了祖克柏那裡。二〇一六年八月，臉書的經營高層請記者進公司，向他們發表臉書的新產品——Instagram 限時動態。這產品等於直接從 Snapchat 的限時動態原封不動照抄過來的，什麼都搬，連名稱也沒放過。那時 Instagram 的執行長凱文．席斯壯（Kevin Systrom）跟科技網站

TechCrunch 說過：「功勞應該全歸他們。」遙向史匹格他們的團隊致意。

臉書抄限時動態毫不手軟，害得 Snapchat 的成長力道大幅削弱，說不定還毀了 Snapchat 的母公司 Snap Inc. 幾十億美元的市值；就在我寫這本書的時候，他們的股價已經跌到 IPO 的價格之下了。Snap 元氣大傷，憤恨難平，現在正和美國的「聯邦貿易委員會」（FTC）告狀，要他們針對臉書的反競爭手段進行反壟斷調查，證據是他們搜集的卷宗，叫作「伏地魔專案」（Project Voldemort），這是拿《哈利波特》（*Harry Potter*）裡的大壞蛋作影射。

管它大壞蛋不大壞蛋，臉書沒有限時動態可就麻煩大了。臉書就是靠限時動態把幾年前流失的親友分享又再抓了回來，而為臉書的 app 注入新的活力。依照知名市場研究機構 eMarketer 的資料，臉書的青少年用戶還是以每年百分之三的速率在縮減。不過，要不是有了限時動態，要不是把即時通訊（另一種親友分享）又再拉回到用戶注意的焦點，臉書現在的處境可就慘得多了。抄就抄吧，反正保得了命就好。

賽蒙認為臉書始終保得住自家在場子內舉足輕重的地位，是因為臉書內部很清楚他們在這世界的位置。「臉書不過是一種網路 app，特別是在二〇一五和二〇一六這兩年，不過是網路 app 而已。隨便一種 app 都可以竄上來把它幹掉，」他說，「馬克的意思就是，『現在的人都要什麼？他們要什麼我們就給什麼。』他變得比較謹慎，提高了警覺，他確實沒再認為他的產品可以一成不變下去。」

複製和迭代產品在中國長久以來一直是常態，華人創投專家李開復便說臉書是「矽谷最像中國人開的公司」，他在《AI 新世界》（*AI Superpowers*）寫過這件事。李開復定期會到舊金山灣區來走一走，有一次我和他坐下談了談，問他對祖克柏有什麼感覺。「我們為什麼要把抄襲複製打上臭名？」李開復說，「我們學東西難道不都是從模仿開始？我們學音樂不就是從模仿貝多芬、莫札特開始的？我們學美術不就是從模仿上課教的風格開始的？經由模仿，你才了解你在做的這東西的精髓在哪裡，之後才談得上創新和建立。所以，模仿應該像是合理的起點。」

臉書從抄限時動態的那一刻起就在作迭代、作改進。如今臉書的版本很多人都認為比 Snapchat 出色。臉書作的改進，有的還好到 Snapchat 出手反抄回去用。

已死的社交網站埋屍的墳場，四散的骸骨都是曾經不可一世，最後卻葬送在自大傲慢或是無力創新當中。Myspace、LiveJournal、Foursquare、Friendster、Tumblr，只是其中之一。同時期的臉書卻能一再創新，保住自家在山頂的一席之地，大多就是因為他們的回饋文化。

「不用多說，一般人當然想當天才，要當第一個發明的人，」李開復跟我說，「但要是做不到，那就先抄襲，之後再回頭迭代修得更好也可以。」

臉書直播帶來的危機

二〇一二年初，紀・赫許（Gil Hirsch）和伊登・修查特（Eden Shochat）兩位以色列籍的創業家，走進臉書總部辦理訪客登記。他們的公司 Face.com 準備將臉部識別技術授權給臉書用在「標籤建議」（tag suggestion）的功能上，所以緬洛園裡的對口單位想要談一談。這功能現在還有，能夠辨識照片裡有誰，提醒大家加標記。

這兩位創業人士進了臉書園區，便走向會議室要去和臉書的產品團隊開會——他們以為是吧。結果出乎意料，祖克柏本人走進了會議室，然後連珠砲似地對他們丟出一堆問題。臉書那時還沒辦法自行建立標籤建議之類的功能，因為針對相片作臉部識別，需要用上機器學習這專門技術，臉書可沒有。赫許和修查特卻有能力將電腦視覺用在祖克柏的自家產品上面，而且極為高明，所以祖克柏急著要多多了解這兩人在做什麼。「祖克要從起步開始了解，」修查特跟我說，「他知道很有意思的事情來了，這樣的技術他要緊緊跟上。」

接下來九十分鐘，祖克柏針對電腦視覺和臉部辨識技術的未來，把赫許和修查特拷問個夠。待雙方會談要收尾時，祖克柏的注意力轉向購買了。他在走出會議室之前說：「要是說得通，那我們就應該把它做出來。」六個月後，臉書買下 Face.com，價格至少五千五百萬美元。臉書的工程師摸到了 Face.com 的技術，才開始領會到機器學習的潛力，臉書的經營高層也決定在這方面的技術下重本作長期的投資。祖克柏就是在那時開始向楊立昆（Yann LeCun）招手，他可是世界首屈一指的AI研究人員。

二〇一三年，祖克柏去找楊立昆，提出邀約。他說楊立昆要是加入臉書，臉書就為他設立AI研究室，隨便他愛做什麼都可以——只要他時不時幫臉書作AI應用就好。楊立昆那時住在紐約，說他要是可以留在紐約不走，繼續在紐約大學教書，那他可以上陣。祖克柏答應了，楊立昆便接下了差事，臉書也就從AI生手搖身一變成了企業AI研究的全球先驅，還幾乎像一夕之間的事。

「過去二十年在AI開創新猷的先鋒有三、四人吧，」臉書的技術執行官麥克．施羅普佛（Mike Schroepfer）同樣是下場推AI的人，跟我說，「楊立昆便是其中一位，我們要到了。」

外面這樣熱鬧，華欽．坎德拉（Joaquin Candela）這位研究員——他以前可是在劍橋大學教過機器學習的——卻窩在臉書的廣告部門，用他的專長在預測臉書的用戶什麼時候會去點擊廣告。坎德拉喜歡他這差事，但在臉書把楊立昆找進公司之後，有他這背景的人才就有了工作的新契機。臉書需要有人懂得把楊立昆的研究應用在產品上，坎德拉便是量身打造的人選。二〇一五年秋，臉書指派他主管公司的機器學習應用部門，這一支新成立的團隊要負責將楊立昆的研究付諸實踐。

二〇一六年六月我第一次見到坎德拉，他才接任新職未滿一年，卻當著我的面就嚴肅說道：「臉書要不是有AI，今天就不存在了。」我點了點頭，這是不想失禮，我其實不信。不過現在，三年之後，我信。臉書要是沒有AI，扛不起他們支撐產品所需的巨量執行工作。臉書直播（Facebook Live）便是明證。

二〇一五年十二月，祖克柏的產品團隊推出臉書直播，這新功能讓臉書的用戶輕點一下按鈕，就可以在臉書進行影音直播。有了這樣的功能，用戶在臉書發表影片比以前都要簡單，自然也像打開了洪水閘門，引進各形各色的新內容。臉書直播早期的影片還相當逗趣，像有女子戴上電影《星際大戰》裡的人猿丘巴卡（Chewbacca）的面具就會笑到停不下來。但有多好玩的，難免就有其他多不好玩的。臉書的直播問世沒多久，我有一個同事便在BuzzFeed的新聞編輯室直接說出心底的疑問，質疑這樣的新產品會發展成什麼狀況。最後他說：「總有一天有人會因為這個挨上一槍。」

還真不需要多久。二〇一六年二月，時隔臉書直播問世不過三個月，美國佛羅里達州便有個名叫唐妮莎．甘特（Donesha Gantt）的女子，坐在車內中槍之後上了臉書直播。「媽媽我流血了，」她說，「我知道他們朝我開槍，可是這樣不錯。不錯。上帝原諒我犯過的罪，上帝原諒我做的一切。」

甘特中槍事件之後，臉書直播出現寫實暴力影片大致是一個月兩次。殺人、強暴、虐童、拷打、自殺都看得到。而且，這樣的影片還傳播得極快，直接打中人類病態好奇的癖性裡去。

現場直播的自殺特別教人坐立難安，擔心群起仿效的後果；有鑑於臉書在年輕族群的使用規模和影響力，這機率還格外嚇人。

祖克柏第一次打電話找我說要見面，就是有這重重的問題變得清晰可見之時。當時，他預計要發表五千七百字的宣言，內有臉書提出了幾項規畫要多作一點干預：臉書會多主動去保護用戶，出手擋下仇恨言論、煽動恐怖活動、寫實暴力、霸凌等等的內容。

由於臉書要靠別人舉報來審查內容，能做的也僅止於此。「目前的作法，是要靠用戶跟我們檢舉違規內容，」他說，「我們每月審查上億的檢舉，所以，我們看過的內容是很多的。我們組織了很大的團隊去處理、去看檢舉的東西。可是臉書每天貼上來的東西是用幾十億來算的，要是再加上訊息和評論，那可是每天好幾百億。我覺得這用人力根本就不可能，不管我們雇多少人都沒辦法看得來的。真要做到，唯一可能的作法便是做出人工智慧的工具來代勞。」

祖克柏覺得AI應該可以主動對貼文作標記和審查，並非紙上談兵。我們那一次會談之前，他已經下令要坎德拉的團隊想辦法做出來。臉書囊括的人類行為資料，可是有史以來最廣的。臉書知道我們是誰、我們的喜好、我們做過什麼、情況不對勁的時候我們又會怎樣。這樣的資料集，性質類似於亞馬遜搜集了二十年的購買資料。亞馬遜可以把資料送進機器學習系統去跑，抓出我們之後會再買什麼東西，臉書應該也可以把他們的資料放進他們的系統去跑，找到是不是有影片會播出暴力或是自殘之類的事。

祖克柏講起這樣的系統時，不忘提醒一下AI還沒辦法自行做到這樣的事。「重點是要給人權力去做，」他說，「一般人想到AI用到極致，想的是這些事情電腦系統一概做得到。但在近期內大家真能做到的，是我們真做出了AI系統，也不是十全十美的系統——一定還會有很多毛病——但應該還有希望及格吧，值得用它下標記去向大家示警。」

我們談話的時候，臉書的AI系統已經主動偵測到祖克柏希望抓到的那種內容，也上傳去作審查。臉書的審查員有了這樣的系統作助力，算是從審查員變成了稽查員，跟亞馬遜的供應商經理當年一樣。臉書的AI查看內容，判定是否要作干預，看的內容之多，不是人類做得到的。AI也會重排審查員的表列，把真需要處理的排在最前面。審查員再就AI做出來的結果進行審核，判定AI的裁定是否無誤。

這些系統用起來要有效，也要把輸入弄對才行，坎德拉的團隊便再做出別的工具讓臉書的AI團隊有機會做到此事。這些工具取了Cortex、Rosetta這樣的名稱，協助臉書員工指揮AI系統去找貼文。審查員在系統裡註記關鍵字和行為，由系統主動在貼文裡搜尋類似特徵的東西。

臉書的員工有了這樣的工具在手，單單一個人發揮的作用就往上急速竄升。他們不再是枯坐在位子上等別人標記貼文讓他們審查（往往下標記的人還不知道臉書有怎樣的政策），而是可以判別需要處理的貼文有哪些特徵，下令臉書的AI在每天發表的幾百億臉書貼文裡把相關的搜尋出來。

祖克柏在講自殺這件事時，還特別激動。「經營這樣一家公司卻發覺，欸，我們啥也沒幹是因為沒人把事情跟我們說，其實是很難過的，」他說，「要是有人看起來像要自殘還是自殺，我們當然希望自己可以幫忙提醒別人注意一下，這樣他們才有辦法找到那人、或是為那人提供協助。」

之後不到一個月，臉書便宣佈他們會推出預防自殺的AI工具，而且大規模運用。臉書說他們的團隊需要主動協助；由這工具舉報的事例，已經比人工還要準確了。

再過了一年左右，臉書的產品管理部門副總裁蓋・羅森（Guy Rosen）發文，就他們這一套程式整體的效能說明最新的成績。他說臉書AI協助他們對裸露、仇恨、不雅、不宜等貼文內容主動進行審查。臉書的AI也能自動移除恐怖活動的宣傳（單單一財政季度便有近兩百萬筆）。臉書的AI也會針對有意自殘的人向臉書的審查員發出警示，審查員因此派出初期應變人員達上千次。

「講到有人在直播時自殺，你真的很難安慰自己說：『這平台還有很多事情是很美好的啊，我們不可以混為一談。』」臉書的app主管席莫跟我說，「我們的AI偵測得到這樣的事，還能即刻為他人帶來希望，向地方機構示警，拯救人命——這樣的事，可是日以繼夜在做的呢。首先，單單是事情本身，就有很大的作用。而它還能讓我們更有信心推出這樣的產品、發揮這麼好的作用。」

坎德拉當初大言不慚還真不用慚。要不是有AI，現在確實沒有臉書一席之地。沒有AI，惡劣的貼文一定會淹沒臉書的產品，壓得產品團隊不得動彈，拖著領導階層疲於奔命。臉書的AI系統離完善還差得遠，最近還有報導指稱有些臉書審查員的工作條件是很慘的。不過，臉書這樣的作法假以時日應該是會進步，不僅是AI這方面有進步，也包括臉書因外界壓力而去改善審查員的工作條件。

臉書的員工借助這些工具，得以專注在下一步的創新；臉書的領導階層也有頻寬去考慮創新的構想，不斷讓構想付諸實現。

機器人發薪資

臉書內部的執行工作因演算法、AI等等而大幅減量，臉書的人資部門還進而利用它們來決定員工的薪資。「我們的薪資完全套公式，」臉書的人資主管高勒跟我說，「你的獎金、加薪、認股權證，總之所有的報酬，就由你的考績和公司的業績合起來決定。」

臉書的薪酬制度是在二〇一〇年代早期訂立，那時他們的人資團隊覺得演算法比人工的效率要好，也可以減少偏心作祟。上司和下屬一般容易因為薪資的問題而另外再花時間處理。

上司在加薪一事要是有裁量權，還可能對親近的人偏心，形成不公。至於根據績效等級排出統一的加薪標準，還是不完善。評鑑標準要是沒想得很周詳——臉書就太偏重成長指標——可能鼓勵工作狂，得出特別高的等級。但是妥善施行，就可以保證加薪盡可能沒有偏差。

「我們把自由裁量這一項從系統裡完全排除，因為就是有自由裁量權，才導致組織裡有偏心的狀況，以致結果不公，牽涉到性別、族裔的數據也不一致，」高勒說，「只要把自由裁量權拿掉，接下來的情況就比較客觀了。」

臉書的演算法薪酬模型把個人的績效等級放在正中心。臉書將他們的考績分級——從「未達期望值」到「改寫期望值」總計五級——外掛到演算法系統，由演算法合併公司的整體績效一起計算，決定員工的薪水。

臉書每六個月評定一次員工考績，這時也是臉書檢討個別員工和公司整體績效的時候。作檢討時，與員工有職務來往的每一個人，都會針對該員工提交回饋意見。主管讀過意見之後評定等級，然後開「校準會議」（calibration session），和同僚討論每一個下屬的等級，必要的話便作修訂。開這樣的會便是要保障每一個人的等級評定都是公平的。

開會過後，等級便會確定，分數送進系統，系統吐出薪酬數字。這些數字都算定案，高勒說：「誰也不可以跑來說要多拿一點。」

臉書靠這樣的計薪技術又進一步減少公司內部的執行工作，騰出地方給創意施展。「你可不想每天都要和團隊重新談一下薪資的事情，」高勒說，「這樣的事，每年升職的時候來個一次就好。其他時間就專心工作吧。」

引進新的「輸入」

二〇一八年四月十日，一大清早，我走進華府哈特參議院辦公大樓（Hart Senate Office Building），來到一間很大的聽證室。裡面已經擠滿了記者，有許多我在舊金山的聚會都見過面，旁聽席一樣座無虛席。記者坐在木頭的長條桌邊，擠得摩肩擦踵，顯然這天比平常都要熱鬧。我四下看了看，挑了位子坐下，打開筆電，放下手上那一杯咖啡，暗自祈求咖啡別打翻才好。

聽證室裡人聲低鳴，浮蕩著期待，漫無目標，參議員魚貫走進大廳，低頭滑手機。旁聽席的群眾四處張望，觀察狀況。記者各自看推特。好不容易祖克柏走了進來。

打從緬洛園初次會面至今，十四個月來，祖克柏過的日子真是難捱。期間，臉書自曝二〇一六年美國大選期間，克里姆林宮在臉書暗助大規模的錯誤資訊攻勢，但是臉書錯失制止的先機。後來跟進的報導又再揭露，資訊分析公司「劍橋分析」（Cambridge Analytica）受雇於唐納・川普的總統大選活動時，非法使用數百萬臉書用戶的資訊。這些事情在在傷害臉書的公信力，危及他們在世人心中的地位，也害得祖克柏被美國參議院的司法和商業兩委員會擇期約談。

我看著祖克柏走進來，不禁心想這人啊，這麼急切要別人的回饋，這麼堅決要弄懂別人在想什麼，對自家服務的弱點竟然視而不見到這種地步！我的同事都可以鐵口直斷臉書直播終有一天會播出槍擊實況，怎麼祖克柏自己反而設想不到？俄國暗助大規模活動在削弱美國的民主，那麼明顯的事，怎麼外界說臉書的錯誤資訊對美國二〇一六年大選有所影響，他會說是「滑天下之大稽」？「劍橋分析」的非法活動被揭發後，他又為什麼手足無措，一連幾天悶聲不吭才作回應？

答案就在臉書回饋制度的性質，因而能給我們重要的一課。祖克柏雖然愛向他人徵詢回饋意見，但是單單徵詢，未足以成事。回饋制度就像機器學習系統，效用但憑輸入決定。祖克柏身邊雖有不少人是「討人厭的給予者」——就是會講逆耳忠言但能推動臉書改進產品、帶動廣告業務的人——卻幾乎全是技術樂天派（techno-optimist），認定臉書做的屬於「有實無名的好事」，不太去想哪裡可能出錯。臉書愛搞逆耳忠言的那位高級主管安德魯．「鮑斯」．鮑斯渥斯（Andrew "Boz" Bosworth），在他的貼文〈醜陋〉（The Ugly）裡的說法，就一針見血。這是他二〇一六年六月發表在臉書內部群組的貼文，我和同事萊恩．麥克（Ryan Mac）、查理．華佐（Charlie Warzel）為 BuzzFeed News 報導過：

大家都講我們的工作有什麼好，有什麼壞，但我要講我們工作有什麼醜陋的。

我們做的是將人聯繫起來。

要是他們把聯繫做成好的，那便是好的。說不定有人就這樣找到了愛。要是有人在自殺邊緣，說不定我們還救人一命。

所以我們聯繫起更多的人。

要是他們把聯繫做成壞的，那就是壞的了。說不定有人因此遇上霸凌而失去性命，說不定有人拿我們作工具組織恐怖活動而害別人喪命。

但我們還是在聯繫世人。

而醜陋的事實是我們對於聯繫世人信奉之深，任何事情只要能讓我們更常去聯繫起更多的人，便是有實無名的好事。在我們這邊，指標便是真理說不定僅此唯一就在這裡呢。

我們登出了鮑斯渥斯這一篇貼文後，他說他寫這些話是要刺激大家辯論。祖克柏則是拒不接受。「鮑斯是很有才幹的領導人，說的話也常太刺耳，」祖克柏說，「這一段話便是臉書大多數人，連我在內，都亟力反對的。我們從來就不認為目的正當、手段無妨。」

不管鮑斯渥斯是不是講話刺耳一點而已，他的貼文證明臉書的人是沒怎麼在想：是不是有心懷不軌的人會利用他們的產品來作惡。他們的產品經理遇到不好唬弄的記者常很尷尬，就看得出來他們這種一面倒的樂天態度。臉書請我們去聽他們介紹新產品，講起他們又有什麼創新可以改變我們的世界，態度向來張揚樂觀，襯得口氣都有一點目中無人。「即時通訊新推出的貼圖可以把我們的世界變成溝通力、表達力都更為強大的地方，」他們會說，「我們真是太高興了，可以將這些貼圖交到用戶手中，看他們怎麼用這些貼圖做出神奇的事。」但這時候呢，克里姆林宮可是在動腦筋要操縱臉書的動態消息、社團產品、廣告平台。

祖克柏面對眼前多位參議員，差一點就要承認臉書的回饋制度是有這樣的大坑。「臉書是滿懷理想、樂觀的公司。臉書自成立以來，就專注於世人經由聯繫而能帶來的美好一切，」他作開場陳述時說，「不過，顯然我們做得不夠好，未能預防這些工具被有心人用來製造傷害。這包括了假新聞、外國勢力干預選舉、仇恨言論，另外也牽涉到開發人員和資料隱私。我們對該盡到的責任看得不夠廣，這確實是很大的錯誤。」

祖克柏終於知道他的回饋制度需要再多輸入別的東西，也著手進行添加。臉書開始雇用退役的情報人員、記者、學者、有敵我意識的媒體採購，要他們針對臉書的系統作壓力測試，以便修正問題。

「這是要找一種心態，」賈斯丁．奧索夫斯基（Justin Osofsky）是臉書的專案管理和全球營運副總裁，他跟我說，「做這事的人要趕在風險冒出來前就先找到、辨識、了解、處理完畢。」

二〇一八年美國期中選舉投票前幾天——臉書是不是有能力不讓外力再度操縱選舉，就以這一次為第一場大考——我和詹姆斯·米契爾（James Mitchell）、蘿莎·柏奇（Rosa Birch）、卡爾·拉文（Carl Lavin）見面，這三人都從基層親眼見證了臉書所作的新「輸入」。米契爾是臉書負責風險回應團隊的主管，專門在臉書的內容審查系統裡面找弱點。柏奇是臉書戰略反應處理的專案經理，在臉書遇上危機的時候要協調各部門及時因應。拉文先前在《紐時》、富比世、CNN都當過主編，來到臉書在調查作業處工作，臉書成立這單位，全是因為他們需要有人專門替他們預想臉書的產品會被拿去做什麼壞事。

米契爾和柏奇兩方聯手和臉書招來的幾位敵我意識較強的人共事，拉文便在其內。（趣事一則：我一度想向拉文謀職，他用谷歌挖我的背景挖得很深，找到我以前為同事的報紙寫的一篇報導發過更正啟示，就再也沒發過電郵給我了。）拉文說：「我們內部需要有人能夠預想這類的事情，而不是坐等利益團體、記者、公家機關等等的人找上我們，我們才作反應。」

報導臉書的事情那麼多年了，光是想一下前情報員、前記者進了臉書和他們的產品經理一起做事，就怪怪的了，但臉書確實是在引進不同思考路數的人到他們的組織裡去。拉文說：「這真是很好，能夠針對威脅、風險和人對話溝通，聽人說：『欸，威脅這事啊我們是這樣子來想的：我們講當事人的能力、動機，我們講弱點。』」在這之前我從沒聽過緬洛園有人說出

「威脅」、「弱點」、「動機」這樣的字眼。

而講起了緬洛園，臉書已經特別注意要從外面雇人進來，希望可以掙脫北加州瀰漫的同質思考和技術樂天心理。「我們可沒辦法真的共進午餐，因為我們大多數人都不在加州，」拉文說，「我們有在都柏林的，有在新加坡的，像我，就在德州奧斯丁（Austin）。這是故意這樣安排的，好讓我們看世界不再以加州為焦點。」

臉書還特別安排這些人和臉書年資很久的員工配對工作，這樣的員工對自家產品和作業的裡裡外外都很嫻熟，有助於將這些人的敵我思考注入臉書的血脈。「你要是不懂一件事情放上平台會是什麼樣子，那就未必有辦法把我們內部看到的樣子轉化到外部去，」米契爾說，「我們（這兩類人）都要是一夥兒的，因為要想知道我們的系統可以怎麼用、怎麼濫用，這兩邊都特別重要。」

這一夥兒人由多種論壇糾集在一起，其中便有「事件檢討會」，由臉書的產品、政策、營運、傳播等團隊於每禮拜五深入探究公司出了什麼差錯。這時，臉書新雇進來沒那麼樂天的員工在會議便有機會發言，將臉書原本不太發覺得到的事情提點出來。「關鍵在人，但是新的作法也很重要，」米契爾說，「沒有檢討會這樣的作法，我們便只會一直在做東西，但是做出來什麼卻沒人在乎。」

在這樣的正式會議裡面，最重要的是臉書團隊裡的新成員會將他們的回饋意見注入臉書內部的社團。「這可是重要得不得了，」柏奇說起臉書內部社團的對話，「這讓大家輕輕鬆鬆就可以作快速的溝通，把聊天室裡的雜音大把大把拿掉，還確實可以凝聚團隊的向心力，尤其是大家還不在同一個地方。」

米契爾、柏奇、拉文各自的團隊對於臉書的機器學習系統要搞清楚它該找什麼，也都是重要的助力。為了處理緬甸那邊仇恨言論擴散的問題（不少人指責臉書是緬甸爆發種族屠殺的幫凶），柏奇的團隊找來臉書的機器學習工程師幫他們寫程式找字詞。之後他們只要輸入關鍵字、圖像屬性或是其他紅色警示，協助系統判定有什麼該送到審查員那裡就可以了。這些工具讓臉書新雇來的審查員處理危機的效能比較高，但這一次為時已晚，傷害大多已經鑄成。臉書現在能做的是及時擋下其他國家可能爆發的危機，像是喀麥隆、斯里蘭卡，他們現在已經有了基礎建設，行動可以快一點了。

祖克柏的回饋制度有種種漏洞，導致臉書有好幾年常陷入混亂。不過，臉書也正是有這制度，才能迅速翻身。臉書的員工如今都會主動去聽「新的輸入」——前情報員、記者、媒體採購等等有敵方思想的人——這些人現在在臉書找到了願意聽的人，這家公司滿是受過訓練、懂得考慮別人怎麼想的人。拉文說：「現在人人迫不及待要取得這樣的資訊。」

我們的會談快結束時，柏奇走到拉文身邊，悄聲問他什麼時候回奧斯丁。拉文回答她說，他打算在緬洛園待到下禮拜二——也就是選舉日。美國二〇一八年的期中選舉來了也過去了，拉文一直坐鎮沒走。雖然臉書未來一定還會遇上更多考驗，但這一次算是安然度過。臉書的服務沒出現重大的操縱情事。

臉書下一次大破大立

二〇一九年九月二十五日，聖荷西麥肯納利會議中心（McEnery Convention Center），祖克柏上台，站在「下一個運算平台」（The next computing platform）幾個大字前面。他是來參加 Oculus Connect，這是臉書為虛擬實境建立作業系統和主機組合包而辦的開發者大會。

臉書不想停在 app 的層次，Oculus 便是他們力求更上層樓的表示。臉書要打造自家的作業系統，作為他們認定的「下一個運算平台」，希望藉此掙脫他們弱點的源頭：競爭對手高興怎樣，他們就要被帶著跑。

「有的事情是要自己建立起平台才做得到的，」祖克柏跟我說，「像我們有手機 app，有網站。但是在手機 app 這裡，作業系統廠商覺得 app 該做什麼，常常對我們的限制特別大。」

由於行動作業系統都要你先選出你要做的事，再選出你要找的人，祖克柏對此頗有怨言。他說你要先點通訊 app **之後**再點你要傳訊息的人，這是違反人性直覺的，因為我們都是先有人選，才有要做的事情。

「我希望做的事情——我希望在我們的AR（擴增實境）和VR（虛擬實境）做的——是要下一個運算平台的走向能夠多專注在組織原理上，改把人放在中心而不是事情。」他說，「我真的很在乎運算法走向這方面的事。」

祖克柏飽嘗做事仰人鼻息的滋味，他可不想一直這樣下去。要是VR或AR能夠起飛，臉書便可以透過Oculus打造自家的普及作業系統，進而對於用戶怎麼使用他們的產品能說得上話；臉書在桌機、手機、語音這幾方面都還只能聽人指揮。祖克柏在這方面可是饞得要命，投資Oculus就是要為臉書的下一次大破大立搭好舞台。

臉書不缺雄心壯志或是必要的技術、流程，可以將他們目前已屬罕見的成績再推進到未來、維持得更加久遠。我從祖克柏的玻璃牆會議室往外走時，這一點比先前還更加明顯。臉書要是懂得以健康的態度處理公司的成長——多聽新的輸入，做事要能負責——未來數十年應該還有一席高位。若否，那如今美國聯邦監督機構步步進逼、政界也多呼籲拆解臉書，臉書可就難逃祖克柏一直奮力要避開的結果：淪為科技發展史上的小小注腳。

第3章

皮查伊的協作文化

Google

二〇一七年七月，谷歌有個沒沒無聞的工程師詹姆斯．達默（James Damore），寫了一篇十頁的備忘錄，抨擊公司注重百家爭鳴、強調包容的措施。他是在上過谷歌的反偏見課後寫下備忘錄的，還發給訓練課程的主辦單位作為意見回饋。

達默在備忘錄裡寫道，科技業內男女之所以比例不等，有一原因可能是在男女生理本就有別，而未必像訓練課上一面倒在強調是偏見使然。他說女性本來就比男性容易神經過敏，所以可能因此導致她們在「壓力大」的職務占的比例較小。

「谷歌老是跟我們說隱性（無意識）和顯性的偏見阻擋女性在科技業和主管職的發展，」他寫道，「不用說，男性和女性在偏見、科技、職場上的體驗不會相同，我們是該體認到這一點，但是情況才不止於此。」

由於達默沒等到主辦單位的回應，他便將他寫的備忘錄發表到 Skeptics，Skeptics 是谷歌內部的一支電郵群組，人數不多，都是不肯隨便默認谷歌現狀的。這類小群組在谷歌數以千計，始終嘰嘰喳喳相當熱鬧。發到群組裡去讓大家討論，看似理所當然。但是達默發文之後，群組裡的人將文章外流到公司其他群組，文章便快速傳播了出去。

沒多久，達默的文章就成了谷歌內部通訊網絡的熱門話題，也造成意見分裂。谷歌是有員工在討論達默的論點不無道理，但更多人在爭論谷歌是不是應該把達默踢出去，而且支持達默的那些人是不是該比照辦理。不過，達默跟我說，有幾百位同事在看了他的備忘錄後發電郵給他，大多表示支持。

谷歌內部的爭論愈演愈烈，接著有人把文章發給科技部落格 Gizmodo 的凱特・康格（Kate Conger），康格那時正在度假，手機收訊時好時壞，但她還是把文章登了出來。數百萬讀者便這樣看到了這件事。那時，社會對於女性的職場遭遇原本就多有不平，而且聲浪一日大過一日，這一來，文章就牢牢抓住了大眾的眼光（不過再兩個月，「我也是」〔Me Too〕運動便會引爆）。片刻之間，原本不過是谷歌內部小群組的一篇貼文，成了全球矚目的頭條新聞。

正熱鬧的時候，谷歌的執行長皮查伊正好不在國內，但也必須快刀斬亂麻。他要是留下達默，會不會讓谷歌的員工覺得達默說女性容易神經過敏，所以做不來領導人的位子，這樣的看法他不以為忤？但要是炒了達默魷魚，那像不像是在點醒員工，谷歌重視的表達自由其實才沒那麼自由？

皮查伊在發給員工的短信裡清楚表示，他絕對歡迎不同的意見，但是達默暗指女性因生理而未必能勝任谷歌的工作，可就踩線了。皮查伊寫道：「我們每一位同事都不應該擔心他們開會時每一張口，是不是都要證明自己才不像那一份備忘錄裡說的，不想『咄咄逼人』只想做個『可人兒』，不想讓人覺得『抗壓性較差』或容易『神經過敏』。」

達默被皮查伊炒了魷魚。

四通八達的蜂巢腦

點子在谷歌裡跑得很快——快到提出來的人自己都抓不住。而且，這是故意的。只是，有時也會搞得平常不會從茶水間外流的閒話，居然演變成國際大事。不過，讓達默備忘錄外流的通訊工具，卻是谷歌協力合作的功力得以稱雄全球的利器，谷歌的員工因此利器而凝聚出集體意識，打破部門慣常都有的壁壘。谷歌因為有這些利器，加上皮查伊的將才，而能數度改頭換面，挺過連番運算法變遷的風雨，否則谷歌早就被晾到一邊去了。

谷歌的霸業或許看似必然——畢竟這家公司可是在搜尋程式碼有大破大立的絕頂武功，靠這功夫飆出了八千億美元的市值。但在當今瞬息萬變的商業世界，谷歌沒有落後可不是靠他們單找一樣產品一直榨取利益就好。谷歌靠的是一再改頭換面——尤其是他們的搜尋功能——才追得上消費者不停在變的喜好；谷歌的成就源頭就在他們做得到這一點。

谷歌的搜尋引擎歷經多次演進——一開始是網站，但是微軟削減他們在 Internet Explorer 的訊息流廣告後，他們便改頭換面變身為瀏覽器 Chrome。後來瀏覽的功能從桌機轉進到行動裝置後，谷歌又再變身，把搜尋放在安卓行動作業系統的核心。再後來是現在大家都用語音操作行動裝置，谷歌跟著變出語音助理用的搜尋功能。

谷歌每變一次，都是利用既有軟體套裝中的幾樣組件做成新品，這需要密切合作才行。

例如 Google Assistant 就是把谷歌的搜尋、地圖、新聞、相片、安卓、YouTube 等等多種功能集合在同一件產品上，而且運作順暢有效。為了做出這些產品，谷歌不同團隊就必須合作無間。谷歌有多種內部通訊工具——有特製的、有公共的——便是他們得以合作無間的助力。

谷歌的員工一概用谷歌雲端硬碟 Google Drive 工作，像是用 Docs、Spreadsheets、Slides 來寫計畫書、作會議紀錄、貯存財務資料、做簡報等等。公司上下在 Drive 裡的檔案幾乎是人人可見，這樣，谷歌員工跨團隊工作時就可以查閱進行中的專案，看看有何進展？走向何方？賺錢嗎？以及誰在做什麼？依谷歌的規模，這作法讓谷歌的透明度前所未見。

「這麼大一家公司，使用權、透明度達到這程度，讓他們的員工要自行研究什麼都超簡單的，也幫你很容易就找得到你該找的人。」有谷歌的前員工跟我說，「你在公司裡什麼都不缺，公司的文件資料可以讓你大找特找。」

谷歌的員工找到他們要合作的同事後，便可以透過谷歌的內部網路 Moma 做一做功課，找對方聯繫。「谷歌有全公司的通訊錄，看得到每一個人在編制圖內的位置，也看得到頭像、電郵地址、行事曆，可以進別人的行事曆約時間。」這位前員工說，「這是最重要的一點，要是有想做的事情不在你日常工作的領域裡，你也有辦法輕鬆就找到你該找的人。」

谷歌上下都用開放的 Drive 來工作，結果連文件本身也可以帶動合作。麥特・麥高文（Matt McGowan）以前在谷歌主管過戰略部門，他第一次進 Slides（谷歌版的 PowerPoint）要製作簡報，便赫然發現有幾個同事幾乎是同時跳進來，往他的簡報加東西。麥高文一開始還嚇得後仰了一下，不敢再加東西進去。但後來發覺是他團隊裡的人在搗蛋，要向他介紹谷歌的文化，而他很快也開始樂在其中。「有天晚上我坐在電腦前，就看見我團隊裡散佈世界各地的人全都跳進來幫我加資料，」麥高文跟我說，「因為這樣，事情很快就做起來了。」

由於谷歌的員工都在 Drive 裡面工作，所以他們有一條不成文法：不准在電郵裡附加文件。這樣他們就不必同一時間各自處理同一份文件卻各做各的版本，到最後還要花時間整合出一致的版本來才行。「這樣就去掉了版本控制這一道手續，」麥高文說，「想想看你把這些麻煩都去掉可以省下多少時間。」加進 Drive 的搜尋功能作條件——Drive 的搜尋功能可以依照文件製作的時間、使用的頻率、你和文件作者的關係、加上其他訊號等等，幫你提出聰明的建議——這樣的工具有助於谷歌員工得知同事在做什麼、能出什麼力，而且速度極快。

谷歌員工也有電郵群組清單這樣的東西可以聯絡彼此，例如 Skeptics，他們幾乎無所不談，從工作到谷歌不太用得上的雜事都有。「這些群組隨便你加——我記得是沒有管理員什麼的。」荷西·康（Jose Cong）以前在谷歌當過人才招聘主管，他跟我說，「談的話題一般人都想得到：討論新想到的點子、求助技術問題、支持團體等等。還有一組是騎自行車的，會分享在園區騎自行車的小提示。我要離開時，還有一份文件專門讓大家公佈自己的薪資。」

資訊和創意在谷歌因為這樣的群組得以快速傳播。「由於工具是現成的，數位化是現成的，聯絡網是現成的，幾十年來大家本來就會分享的意見，這時分享起來就容易多了。」荷西．康跟我說，「以前是在茶水間分享，在午餐的時候分享。在現在這樣的年頭，大家有辦法不用在咖啡廳做這樣的事了——可以做得更廣。」

谷歌每個月也會開一次經營高層出席的「你問我答」，叫作TGIF（謝天謝地禮拜五了）。他們這問答會是在谷歌的山景園（Mountain View）內舉行，場地是一家很大的自助餐廳，叫作「查理」（Charlie's），重頭戲是皮查伊為大家說明公司最新的近況，再由一名高級主管或是團隊作簡報，接著自由提問。

而谷歌的TGIF一樣向科技借力。世界各地的谷歌員工都可以用內部網路收聽山景園的問答會，也可以用Dory（多莉）來提問，Dory是谷歌的問答軟體，用的是電影《海底總動員》（*Finding Nemo*）裡那個Dory的名字（Dory這條魚有失憶症，老是問東問西）。谷歌員工用Dory投票選出他們要在問答會聽到答覆的問題，而且不會看到別人投的票，這樣就不會有群體影響。經營高層一般是回答票選出來的前十個問題。二〇一九年二月我到谷歌的園區參觀，看過Dory上的投票票數拉到好幾千。

最後，谷歌還有自家的內部社群媒體，叫作Memegen，谷歌員工可以在這網站貼梗圖迷因（meme），回應公司裡的事情。我到谷歌去參觀時，見過他們員工貼的迷因有稱讚皮查伊到國會作證的表現，有拿公司升遷標準開玩笑，有搞廁所幽默的，有悼念同事離世，有為電郵誤發給全公司的人而道歉。（當年瑪麗莎・梅爾〔Marissa Mayer〕從谷歌跳槽到雅虎當執行長，準備為艱難求生的雅虎救亡圖存，被推到首位的迷因貼文便是她的照片配了這樣一句話：「成就卓越的科技領袖，終於到非營利事業帶兵。」）

「我就是到這裡來看員工的情緒的，」荷西・康對我說，「看他們在搞什麼花樣，大概抓得到情勢是怎麼走的。」

谷歌的通訊工具是他們成功的關鍵。新計畫啟動加速所需的執行工作因此大幅減少，也就有餘裕供創意施展。創意也就像火箭在他們公司裡快速行進，激發創造和改良。這樣的工具促進大家合作，也提示大家應該要多合作，能省掉公文旅行，也徹底說明了蜂巢腦裡的每一個人都要懂得合作的重要性。

谷歌就憑這些工具，在過去十五年將他們的搜尋引擎一再打破重建。而谷歌每一次演進的關卡，都有皮查伊在作樞紐。

工具列角力

皮查伊在二〇〇四年進谷歌擔任產品經理，正逢谷歌遇上開發危機。那時谷歌的搜尋流量有約百分之六十五是出自微軟的 IE 瀏覽器，以致谷歌這家公司像是毫無防備力。微軟的競爭心那麼凶悍，自然不會甘心一直將幾十億美元的搜尋流量奉送給別的公司，谷歌的領導階層自然也（合理）擔心微軟會自己做出搜尋引擎來取代谷歌。

谷歌為了加強防禦工事好對抗微軟的勢力，便做出了幾樣產品，供使用者不用微軟IE的預設值也能使用他們的搜尋引擎——谷歌工具列（Google Toolbar）、谷歌遠程桌面（Google Desktop）就包括在內。像谷歌工具列就把大大的谷歌搜尋欄位放在IE的網址列下面，十分醒目，這樣安裝IE瀏覽器的人一眼就能看到。

皮查伊這人，不喜張揚，身型頎長，出身印度南部，成長過程沒電話、沒冰箱，接下主掌谷歌工具列的工作時，聽到的明確指示就是：把這東西弄到一般人的電腦上去。這一件差事就這樣啟動了他朝谷歌巔峰攀升的直達車。

皮查伊接下谷歌工具列的差事之時，早早就已用工具列的人，有不少對這產品已經愛不釋手，都喜歡這麼簡便就可以作搜尋。（在那之前，在IE作搜尋最好的作法，還是要去點「搜尋」鈕叫出搜尋頁面。）谷歌的工具列還可以擋下彈出視窗，這就贏來更多人支持了。不過，谷歌推出工具列這幾年下來，下載量未足以鞏固谷歌的灘頭堡，對抗不了微軟。皮查伊便開始拓展合作關係，來迫使問題得到解決。

「要別人去試用Windows的新軟體，最難的是要那人去下載軟體，」萊納・厄普森（Linus Upson）那時在谷歌擔任副總裁，和皮查伊共用辦公室，他對我說，「所以，他跑去找Adobe（奧多比）拉關係，Adobe那時有全球下載最多的Windows產品：Flash和Acrobat Reader。之後，有人要是打開Flash或是Reader，就會看到有方框問你：『您要用Google Toolbar嗎？』他找了那時風行的幾款下載產品聯手，就這樣建立起了訊息流。」

皮查伊要和Adobe等廠商開會談事情，便要有辦法把利害南轅北轍的人拉在一起，其間的折衝盱衡往往相當緊張，畢竟過手的金額十分龐大。幸好谷歌自家能夠動用的錢很多，他們的廣告業務便等於印鈔機。雖然祭出財大氣粗的排場，鈔票一灑，要谷歌的幾家合作對象這樣、那樣，很痛快，但皮查伊選擇聽人家的說法，認可人家的說法，再找出可行之道。

皮查伊在工具列角力期間展現的作風，預示了他鼓勵創新的路線，他也循此路線在谷歌青雲直上，最後坐上執行長的寶座。貝佐斯利用六頁書將創意導向決策階層。祖克柏利用回饋制度打開直通管道，讓創意可以上下流動無阻。皮查伊則是打破團隊之間的壁壘，要創意四通八達。他會出面設立目標，但把個人的存在感壓到最低；他要的是激發合作。

「遜達不是愛搶話題的人，他很懂得留出空白讓別人的想法也能被聽到，」厄普森說，「他那人思慮周詳、沉著，很擅長聽別人說話。」

谷歌工具列的疆土愈來愈大，微軟也搞得谷歌的日子愈來愈難過。「每個禮拜我們都要救一次火，數據會下降，我們會忽然發覺有事情不對勁，就要費力氣去搞清楚怎麼回事。」阿辛姆・素德（Aseem Sood）以前在谷歌當過高級產品經理，直屬皮查伊，他跟我說，「到最後我們還不得不請美國司法部出面，讓微軟知道我們不是無知無覺。」

皮查伊在谷歌工作兩年之後，微軟推出 I E 7，這是新版 IE 要來了的預兆。沒幾個月，微軟便把 IE 的預設搜尋引擎從谷歌改成他們自己的 Live Search，也就是 Bing 的前身，谷歌就這樣一腳被踢了出去，原先的命脈也告斬斷。

皮查伊先前談下來的訊息流，這時便救了谷歌一命，要不然谷歌可就在劫難逃了。皮查伊在谷歌遇上了第一場考驗，但他將谷歌的工具列用戶推廣到數億之譜，帶來數十億美元的營收，鞏固了谷歌的堡壘，擋下惡意攻擊。只不過，谷歌和微軟的戰火還是愈燒愈烈。

邁向 Chrome 的道路

皮查伊是在二〇〇四年四月一日到谷歌去面談的，那一天谷歌發表了 Gmail。谷歌遇到四月一日愚人節向來不搞怪不行，史蹟斑斑可考。所以，皮查伊看到谷歌發表的新電郵服務竟然提供十億位元的貯存容量還不收費，遠遠超過別的網路電郵服務，一時抓不準這是玩真的還是惡作劇，害得他把他在谷歌的第一回合面談都用來弄清楚真相。

「他們一直問我，你覺得 Gmail 怎樣？我還沒機會用得上呢。我覺得這好像是愚人節玩笑，」皮查伊二〇一七年提起這件事說，「直到第四回合面談時，又有人問我：『你見過

Gmail沒有？』我說沒有，他這才把Gmail真給我看了。等到第五回合面談又再問我：『你覺得Gmail怎樣？』這時我才有辦法回答。」

Gmail才不是鬧著玩兒的。這是谷歌朝微軟一塊核心業務刺過去的第一劍。微軟那時賣Office軟體大賺特賺，Office是生產力軟體（productivity programs），有Outlook提供電子郵件和日程表功能，有Word作文書作業，有Excel供計算。你要用這些工具，必須付錢給微軟才能裝在你的電腦上面。

谷歌拿Gmail作起點，開始針對微軟生產力軟體當中的核心功能，一一推出他們的版本——還全部放在瀏覽器上面；谷歌的領導階層認為這才是未來的走向，而且，他們抓對了。二〇〇六年三月，谷歌買下Upstartle，這家公司的Writely產品就變成了谷歌的文件編輯軟體Google Docs。二〇〇六年四月，谷歌推出行事曆Google Calendar。二〇〇六年六月，谷歌推出試算表Google Spreadsheets。這些工具結合起Gmail，經由瀏覽器對微軟的Office形成扎扎實實的威脅，嚇阻微軟不再出手。

谷歌的進擊逼得微軟必須作出燙手的取捨：微軟要嘛繼續改善他們的IE，這是領先業界的網路瀏覽器，但是，這樣谷歌的網路工具用起來速度會跟著加快，而危及微軟的Office。不然微軟也可以只把IE推進一點點，保住第一的位子就好，但能壓制谷歌（以及網路）前進的腳步。微軟選了後者。

「微軟的盤算是要 IE 的性能足以保住他們第一的位置，但未足以讓 Gmail 這樣的網路 app 的使用體驗超過微軟自己的 Outlook，」周義（Chee Chew）曾在微軟當過總經理，後於二〇〇七年跳槽谷歌，他就跟我說，「微軟那時大量裁減 IE 部門的人事經費，團隊等於降級成以維修為主了。」

微軟既然阻礙 IE 的發展，瀏覽器就會變得又慢又虛胖。谷歌的領導階層當然大不以為然，認為微軟這是在打擊他們的搜尋業務，也在牽制谷歌的生產力工具。而且，微軟打擊的手段既然是把瀏覽器的性能搞壞，不也等於比較好讓谷歌去發動挑戰？

谷歌一開始是在 Mozilla Firefox 投下巨資，Mozilla Firefox 那時是 IE 的頭號敵手。但是過了一陣子，谷歌判定對他們最理想的瀏覽器還是要從基礎打造，而且要由谷歌自家來做。

「純粹從技術角度來想，我們得出的結論是我們要從零開始，把先前的成績全都丟掉，」厄普森對我說，「有的時候從頭開始最好。」

谷歌就這樣著手新計畫，要做出新的瀏覽器，也有明確的目標：加快網路運作速度。他們的新瀏覽器要是可以普及，谷歌網路 app 的成功機會便會更大。新的瀏覽器也會將谷歌的搜尋服務徹底改造。用戶不再需要下載谷歌工具列，也不再需要瀏覽到 Google.com，用戶可以把要問的事情直接敲在瀏覽器的網址列，這樣谷歌就不必再看競爭對手的臉色了。

谷歌把他們的瀏覽器取名為 Chrome，半正經地在暗指他們的目標是要把瀏覽器的 chrome

能減就減——chrome 是指沒在瀏覽的那些，例如網址列、頁籤（tab）、按鈕、小工具之類的。為了創立這項新猷，谷歌又找上了皮查伊來領軍。

皮查伊先前為谷歌工具列打下的江山成了這次出擊的本錢，供他坐鎮 Chrome 的帥營，畫出不同尋常的進軍路線。皮查伊創立分散式組織，秉持開源（open source，開放原始碼）的精神推動協力合作。皮查伊的團隊做出 Chrome 的模式，類似麥高文當初做出 Google Slides 簡報的作法，偏重協力合作而少專制決策。皮查伊做的便是給 Chrome 團隊一道指示，這瀏覽器要快速、簡單、可靠，然後放手讓他們有充分的自由去施展手腳，把東西做出來。

「遜達從來不幹守門員的事，你有事未必一定要過他那一關。」周義在谷歌把 Chrome 從第一版做到四十四版，他跟我說，「我們做 Chrome 的時候，絕大部分的事情都不用去跟遜達囉嗦。不用去找他請示。他和萊納建立的企業文化，是讓人人在組織內都有不小的權力。」

Chrome 團隊的人員還是會去找皮查伊請教事情，皮查伊也會提供意見，說他覺得怎樣對這專案最好。可是我再追問周義，作出最後決定而推動專案往下走的人是誰，他跟我說沒這樣的人。「你要走出企業運作的標準模式，」他對我說，「暫時把懷疑、把你所知的一切擱在一旁，這樣對你的助益，可能比起硬把什麼事情都塞進已知的框框裡大得多。」

皮查伊率領 Chrome 團隊的作風，等於是把谷歌的兩位創辦人賴瑞・佩吉（Larry Page）、塞爾蓋・布林（Sergey Brin）為谷歌打造出來的無拘束精神，自然帶到了本來就會推進到的境地。他把他的權力下放到基層，給他們機會去自己決定怎麼把事情做成。皮查伊不僅沒硬插一腳去製造瓶頸，他還特別側身退出，讓他的團隊放心做事。而為皮查伊做事的人也回報不少好點子給他。Chrome 把每一個分頁做成像是各自分立的程式，所以，某一分頁故障也不會波及瀏覽器整體跟著當機——這正是 Chrome 幾家競爭對手慣常會有的狀況。Chrome 也把搜尋功能和網頁瀏覽合併在單一的網址列裡，而將原本一直分處兩地的事情予以簡化。這樣的瀏覽器自然做到了預定的目標，跑得很快。

由於 Chrome 的開源開發模式成效太好了，谷歌便決定 Chrome 問世的時候，Chrome 的程式碼也要作開源處理，因而有了 Chromium 這一款開發者版本的瀏覽器。「我們這樣做的目的是要協助推動網路平台整體都往前走，」皮查伊二〇〇八年在推介 Chrome 的時候說，「網路運作愈好，谷歌的直接戰略利益就愈大。我們活在網路裡面。我們在網路打造服務。網路愈好，愈多人用，對谷歌就愈是有利。」

Chrome 問世之初，皮查伊必須推銷的對象有二：一是社會大眾，一是他的同事。他的同事有許多人先前下了很大的工夫在開發 Firefox（火狐）。谷歌先前投資過 Mozilla，Mozilla 是做出 Firefox 的非營利機構，谷歌因為這一筆交易而成了 Firefox 瀏覽器的預設搜尋引擎。厄普森說：「說要出手和 Firefox 競爭，我們可是誰都不願意。」

皮查伊贏得同事選他這邊站，靠的不是硬幹，而是讓同事自己去把事情想清楚。他從來就沒規定谷歌員工一定要用 Chrome。「他的態度就是：『我們可不可以單靠產品本身的優點去贏取員工的心？』」厄普森說，「即使現在這時候了，你看谷歌裡面也不是人人都用 Chrome。還是看得到有人在用 Firefox。」

皮查伊的懷柔手法為他在谷歌各處，還有谷歌創辦人那邊，都博得了信任。「那間辦公室，遜達應付得很好，」皮查伊歷次向佩吉、布林作報告，素德都在座，他說，「他不耍心機、不搞手段，他那人很真誠，有同理心，在你面前不會自負，不會有先入為主的定見。牽涉到很多人的事情，他都處理得很高明。」

Chrome 於問世之初，給人的感覺是大有可為但還沒有摧枯拉朽的威力。Chrome 一開始是有不少人早早就投奔而來，但要撼動 IE 用戶老僧入定的慣性，就還力有未逮，而 IE 也靠這一點不動如山。為了推動網民投奔 Chrome，拓展 Chrome 的網路疆土至舉足輕重的分量，皮查伊便動用起他先前靠谷歌工具列打通的訊息流，說動谷歌領導階層在廣告投下巨資，Chrome 就這樣起飛了。

「這裡的迷思是我們做出了這樣的瀏覽器，這瀏覽器很棒，大家都在用，」厄普森說，「但事實是，我們一開始弄來的幾千萬用戶都是狂熱的迷哥迷姐；然而，有辦法跨越這一條曲線進入上億的用戶，那就要靠他先前用工具列打出來的訊息流，後來也用在 Chrome 上面，才會有上億的用戶，在這之後，有生命的飛輪就轉得飛快了。」

Chrome在二〇〇八年問世，到了二〇〇九年已經有了三千八百萬活躍用戶，再到二〇一〇年增加到一億之譜，如今使用Chrome的人數已經超過十億。而回頭去看微軟呢，他們已經不再為IE另作開發了。

智慧型手機與AI帶來的巨變

Chrome才剛為谷歌打好穩固的地基，谷歌腳下的磐石卻又開始晃了，而且這一次動盪之大，可能還會襯得先前微軟IE帶來的威脅不值一哂。

在谷歌開發Chrome的期間，電腦由於連線和處理技術方面的進展，可以縮小到一般人的手掌大小，就此開啟了智慧型手機的紀元。iPhone和多種安卓裝置（也是谷歌旗下的作業系統）取代折疊機進了千萬人的口袋。網路瀏覽器由於少不了滑鼠和鍵盤，在行動裝置就不太好用了；行動裝置的螢幕太小，也不適合四通八達作網上衝浪，所以很多人開始透過app上網。

而用app的時間水漲船高，谷歌搜尋引擎的地位就江河日下。你要找自家附近的餐廳，不會再用谷歌，而是用Yelp。要找航班和旅館就用Kayak。原本會搜尋新聞和資料，這時改由臉書和推特推送到你這裡來。谷歌作的搜尋是經由幾個關鍵字指引，在開放網路篩選無以計數的網頁，找出你要的東西。這樣的功能到了行動裝置這邊，存在的理由就不太明顯了。

約在同一時期，另一重大的科技進展也到來了。人工智慧的研究在苦苦掙扎幾年之後，終於開始有了突破；這突破靠的一樣大多是連線和處理技術的進展，也就是推動智慧型手機崛起的同一類技術，而由此產生的龐大資料，也是人工智慧研發模型所需的實證。

傑夫・狄恩（Jeff Dean）是谷歌的高級研究員，主管谷歌的AI研究團隊Google Brain，他跟我說：「我們這產業的運算力終於大到足以真的應用在實際的問題上了。」

谷歌（連同大範圍的科技業）由初期的研究成果看出大有可為，便開始在AI投入巨資。而且，研究就算看不出明確的商業價值，谷歌這家公司從來不怕下注，所以，他們把資源押在AI這三大方面的研究：電腦視覺、語音辨識、自然語言理解。「從這三大重要的領域——語言、視像、口說——看得出來確實是有東西在裡面的，」狄恩對我說，「我們要是放大模型的規模，增加訓練資料，就會看到愈來愈多成果，也就真的可以愈做愈好。」

電腦要跟人腦的聰明來比，當然還差得遠，但這些進展有助於電腦像人類一樣跟外界互動。有了AI，電腦就從閃著螢光的二維螢光幕蛻變為可以看、可以聽、可以處理自然語言、可以對話的東西了。貝佐斯的發明工廠就是把這些都兜攏起來，而在二〇一四年十一月向世人推出Amazon Echo和內建在Echo裡面的數位助理Alexa。

谷歌在山景園的領導階層對此當然不會不放在心上。

改組成Alphabet的賭注

二〇一五年八月十月，佩吉在部落格發文，震驚一時。谷歌，世上名稱最響亮的品牌，此後要改叫 Alphabet（字母表）了。在 Alphabet 旗下又再有幾家公司，包括 Calico（谷歌的抗衰老研究中心）、Life Sciences（谷歌的保健研究團隊，現在叫作 Verily），還有剛作過精煉、重生的谷歌。

谷歌從成立伊始，就習慣投資一些「閒雜」事，都和他們的企業使命：「組織世上的資訊供世人普遍得以取得並有用處」搭不上關係。這樣的使命放在搜尋引擎公司當然簡單明瞭。但是谷歌兩位創辦人，還有他們特立獨行的員工，好奇心可是無邊無際，多年來把這使命朝四面八方推展，到頭來把公司搞得像是科學研究和資本主義攪和在一起的大雜燴，臃腫累贅。

而谷歌改組成 Alphabet 之後，兩位創辦人就可以把谷歌拉回來專注在創業的初衷，其他雜七雜八的科學研究，就砍掉扔進各自所屬的公司，蓋在 Alaphbet 這一把大傘下面好了。佩吉和布林兩人在新組織裡出任執行長和總裁，而皮查伊呢，當時谷歌的產品除了 YouTube 之外全是他在管，就出掌谷歌[4]。

「改組成這樣，我們便能格外專注在谷歌內部擁有的非凡機會。其中的關鍵就是遜達・皮查伊這人，」佩吉在他部落格的文章裡寫道，「我們還有董事會都看得很清楚，這時候是該把谷歌執行長的職位交給遜達了。」

Alphabet 改組，看得許多谷歌外的人一頭霧水，但是進行改組的動機，谷歌裡面人人心知肚明：那時行動網路已經日漸失勢，傳統的搜尋跟著沒什麼大用了。根據 eMarketer 的調查，二〇一七年時，美國人行動上網的時數中，用 app 上網占百分之八九・二，而走瀏覽器這路徑到開放網路的只剩百分之一〇・八了。至於 Amazon Echo，問世之初備受訕笑，這時回答起問題也開始應付自如，不少人還習慣了呢，把 Alexa 當成朋友。然而，回答問題原本是谷歌擅場的地盤，亞馬遜這時卻已經侵門踏戶在作蠶食了。

在這樣的當口還立正站好不動，谷歌可沒這本錢。語音運算和手機 app 都在把世人上網的活動改頭換面了，谷歌必須再度大破大立，免得被擠到場子邊緣。Alphabet 改組便是搭了舞台讓谷歌大押寶，而且這一次下賭注可一定要心無旁騖。

「AI 第一」

皮查伊接手谷歌，馬上就交代員工要有「AI 第一」的態度，鼓勵他們一有機會就要把 AI 建立在產品當中。「他要刺激谷歌所有搞工程和產品的人，說：『嘿，這裡真有東西，全體注意！』」狄恩跟我說，「有的團隊原先沒在朝這方向思考，這下子腦子全轉了個彎。」

谷歌講究合作的企業文化也很快就協助皮查伊的命令落地生根。狄恩的團隊要為谷歌一支團隊做AI技術時，消息傳得很快，別的團隊跟著也要他們提供技術，而且愈來愈多，新的應用很快應運而生。

例如谷歌的翻譯團隊運用AI模型來預測某一語言的一句話改用另一語言要怎麼寫，有其他團隊留心到這件事了，結果，Gmail的團隊後來運用同一模型做出了Smart Replies，在你用Gmail寫電郵時，會提示你可以用一些AI做出來的短句回信。

AI在谷歌裡應用得愈來愈多，谷歌的產品跟著愈來愈聰明，也就對別的產品愈來愈熟悉，對使用產品的人也愈來愈了解。像是谷歌相簿開始看得懂動作，例如擁抱，而可以讓人搜尋哪些相片有擁抱的動作。Gmail開始向谷歌日曆提供航班確認，由谷歌日曆自動標記下來。谷歌的語音搜尋回答起自然語言說出來的問題，愈來愈厲害，打字輸入關鍵字反倒比不上了。

這些進展一開始加速，谷歌上下的想像力馬達也跟著發動。他們在蘇黎世那裡有團隊開始要把搜尋做得更近似對話，也有幾支團隊在構想谷歌可以怎樣變得更偏向個人、更有用處，硬體部門的注意力則是轉向喇叭。

---

4 佩吉和布林在二〇一九年還會從Alphabet退下，把公司完全交給皮查伊。

所以，谷歌是在一步步朝某樣東西推進，只是還沒能拼出樣貌。

大變身：谷歌助理專案

二〇一六年二月，山景園的查理自助餐廳，皮查伊走上台，面帶笑容。布林才剛鬧著玩兒跟大家說，皮查伊要跳形意舞（interpretive dance）[5]來發表谷歌二〇一六年的戰略；谷歌新任執行長第一次要對全公司作年度致辭，這樣的開場帶起滿屋子人失聲輕笑。

真要說到做到來跳一支舞，大家當然興奮，不過，皮查伊選了自在一點的路走。他斜靠在講台邊，用他一貫的姿態來跟大家說話，不疾不徐的節奏有大學教授的調調。

他一開始簡單總結了一下谷歌當下的處境。他說，谷歌的搜尋服務有百分之五十以上是透過手機，許多還是經由語音。搜尋在手機還是有一席之地，不過不像谷歌當初為桌機設想的那樣。皮查伊接著放了一張幻燈片，谷歌一樣樣產品的標誌集中在一邊，旁邊隨便畫了個括號，指向一個字：**Assistant**（助手）。

皮查伊說谷歌接下來一年要協力合作做出一件產品：數位助理，將谷歌的主要產品全都聯繫起來。這助理要把一般人使用谷歌的經驗轉化成有來有往的個人對話。他們可以用自己的聲音問谷歌還有多久才到公司（Maps），他們向亞馬遜買的東西什麼時候送到（Gmail），下一次開會是什麼時候（Calendar）。他們可以跟谷歌說要看搞笑的影片（YouTube），要看他們度假拍的照片（Google Photos），想知道最新的新聞（Google News）。他們還可以要谷歌幫他們在網路上搜尋。

這樣的助理，會是谷歌面對網路質變所作的回應。這樣的助理會是谷歌給 Alexa 找來的對手——依據 eMarketer 的資料，到了那年年底，百分之七十二的智慧型喇叭都會用上 Alexa——蘋果沒那麼厲害的 Siri 自然也逃不掉。由於谷歌有 Maps、Gmail 這些服務已經嵌在一般人的日常生活裡了，谷歌助理應該有機會超越這些競爭對手。谷歌助理會教大家習慣跟谷歌講話，以前要在搜尋欄裡打字的事情，也自然而然會去開口問谷歌。谷歌的助理會用自家還有外人開發出來的 app，將眾人聯繫起來，讓谷歌有機會繼續將世上的資料，不論是不是在開放網路，都組織起來為世人所用。

這樣的谷歌助理是大型的變身秀，需要谷歌員工大規模合作。谷歌助理要將這樣的潛力化作實力，谷歌現有的產品團隊——Maps、Gmail、Calendar、Photos、Search、YouTube，以及更多——必須將各自的服務整合起來，嚴絲合縫，跨功能運作。這是前所未見的模式，就算

5 編按：現代舞的一支，會用誇張的表情與肢體動作來詮釋音樂或事物。

在谷歌這樣的公司也屬空前。谷歌的AI技術會是撐起整體的骨架，讓使用的人可以對這些產品講話，而產品也可以回話。

皮查伊向大家介紹過谷歌助理的概念後，也明白表示他希望谷歌上下都能在這件事上發揮所長。他說：「你們要是想問今年度工作的第一優先，我會說，就是這。」

谷歌助理的研發專案啟動之初，不算順利。「谷歌助理走的路跟我們很多全公司合作的專案一樣，亂七八糟，還有一點討厭，」珍．費滋派屈克（Jen Fitzpatrick）是谷歌Maps的高級副總裁，她跟我說，「大家對於誰該做什麼，或是這時候要以什麼事情為優先，未必都有共識。」

皮查伊為了打消初期的亂象，便著手撤除團隊、部門之間有礙思想交流的壁壘。他要谷歌助理的相關團隊多聚在一起，有時開會還弄進來超過二十五人，居中協調大家的意見，對於大家在做什麼、誰又應該分到什麼工作、哪些事情要列為優先，得出一致的看法。

待大家都有了共識，皮查伊便把他當年帶領 Chrome 團隊的作風擴大用在公司裡面。等他建立好了明確的架構，他便後退一步，放手讓公司上下一起去發明。

「我們必須從遜達提出來的一則構想擴散出去，真的去把團體的智慧拉進來，要更多類型的人也加進來說；『這構想這麼大，我們要怎樣把它做成具體一點、確切一點的東西？』」費滋派屈克說，「這樣才算是真的開啟了更廣的、全公司的合作。」

谷歌這一次搞發明的作風，不像谷歌上一次全員投入的專案Google+——Google+的作風偏向專制，結果翻車。「這一次可就沒有一支谷歌助理的團隊跑來跟你說：『喂，我們要做這個，你們要幫我們做好這個、那個，還有那個，』這一次是所有團隊全員推動的上行式創新，之後再給它弄個標籤。」席瓦・萊亞拉曼（Shiva Rajaraman）曾在谷歌主管產品管理部門，他便跟我說，「谷歌的合作祕訣就在這裡。幾支團隊集合起來，可以放大各自的能力，因為全公司的注意力都集中在同一件事，所以效果很好。」

這樣打通任督二脈，事情就一帆風順了。谷歌的通訊工具加快了谷歌助理的開發速度，協助同一專案裡的不同團隊看出新的機會，找到合適的人來合作，始終掌握得到最新進展。「我們絕對不會藏私，」尼克・福克斯（Nick Fox）是負責谷歌助理專案的副總裁，他對我說，「我們的助理專案做得怎樣了，都不是機密。大家都很清楚，都相當了解，這樣才曉得彼此要怎麼搭配才好。」

各支團隊除了琢磨各自的服務功能要怎樣搭配才好，同時也要應付谷歌助理本身帶出來的古怪問題。像是要不要配一張臉孔？真要叫谷歌助理還是另外起個名字（選項裡出現過Lucky〔來福〕）？要不要搞笑一點？他們也討論敏感一點的題材要怎麼處理，畢竟大人在發問的時候，可能會有小孩子在旁邊會聽到，因而需要比螢幕上的操作多作幾分斟酌和判斷。

這工作還另有波折：智慧型喇叭。用戶在和谷歌一來一往作對談時，必須不管人在哪裡都能講話，包括手機不在手邊的時候。所以，開發團隊多加了一樣東西進來：內建了谷歌助理的喇叭，叫作Google Home。

而Google Home對谷歌助理這專案卻有可能是地雷。硬體要做得出來，一般不用些許下行式規劃作主導是不行的。假如你正趕著要訂購一定數量的零件，趕在一定的日期之前，好做出一定數量的產品，在耶誕假期的旺季上市，那可是沒什麼時間給你去聽一堆人七嘴八舌給意見的。所以，硬體這方面的作業一般是有層級節制的。

然而，Google Home不會像是平常的那種硬體產品。Google Home不過是谷歌助理的傳送裝置，喇叭的音質是很重要沒錯，但是真正的吸引力是在喇叭裡的聲音可以代你掃描世上的資訊，你要知道什麼的時候就跟你說什麼。Google Home的團隊因而不容嚴守規劃的心態氾濫到其他方面。凡事都要拿到桌面上談，協力合作，即使不合標準也一樣。

「硬體產品這方面確實是有一條鞭的作業特性，畢竟這樣的產品有運輸的事情要考慮，但那關係的只是時間表怎麼設定罷了，」瑞克・奧斯特羅（Rick Osterloh）是主管谷歌硬體部的高級副總裁，他跟我說，「在谷歌這裡，最好的模式確實不是下行式的產品開發週期。」

奧斯特羅原是摩托羅拉（Motorola）的老將，說谷歌的作風在他待過的幾處地方全沒見過，傳統的硬體老兵跳槽谷歌絕對搞不清楚這裡是怎麼回事。「大概一時都會很不好過，」他說，「別的地方只要是做硬體的，幾乎全很講究階層組織，十分注重由上而下的帶動；摩托羅拉便是例子。因為你的商業模式靠的全是可預知性。上面有命令下來，大家都要回應是很重要的事。」

奧斯特羅在谷歌過的日子就很不一樣了，他跟我說別的團隊老是有人直接發電郵給他提構想、點子什麼的，不太管指揮鏈不指揮鏈的。「我太感謝有人願意花時間去想清楚一樣產品怎樣可以做得更好，」他說，「谷歌這裡就像有一大鍋的點子湯，你就要從大家提出來的種種奇妙技術和構想，去看看你做得出來最好的產品會是怎樣。」

谷歌耗了一整個冬季去開發谷歌助理，開春之後，谷歌在山景園的一處表演廳：海岸線圓形劇場（Shoreline Amphitheatre），舉辦他們一年一度的 Google I/O（Inputs /Outputs；輸入／輸出）開發者大會。二〇一六年五月十八日早上，幾千人湧進劇場，有程式開發者、有記者，也有社會大眾，各自找座位或是草坪一一就座。我也坐在他們當中。天氣美麗、晴朗，四處飄著咖啡香、剛割過的草地清香，還有防曬油的味道。

開場影片放過之後，皮查伊上台，開門見山就宣佈大事：「我們正在將我們的搜尋功能朝更為強大的助力推進。」谷歌助理就此被引薦到了大家面前。皮查伊接著放了兩段示範影片，一段是用谷歌助理訂電影票，另一段是訂吃的東西。顯而易見，這兩件事改用手機 app 也可以辦到，把谷歌全踢出去都無妨。

皮查伊接著又宣佈另一件大事，當天最教人驚艷就屬它了：Google Home。這裝置算是沒有螢幕的掌上型喇叭吧，不起眼。不過，等谷歌播出一段宣傳片，就看得我在椅子上坐直了身子。宣傳片裡的 Google Home 能放音樂、更新航班動態、更動晚餐訂位、發簡訊、把西班牙文譯成英文、轉發包裹運送動態、答覆空間問題、讀出日曆排定的事情、找出往機場去的路線、對著它說「再見」它就關燈。

看這宣傳片，他們略有一點心比天高呢；不過，Google Home 是實際存在的產品，也看得出明確的軌跡可以一飛沖天：這些事情雖然主要還是在螢幕上進行，但也快要變成對著空氣講話就可以了。人工智慧的技術既然在穩定進步，這產品便是谷歌邁向未來的第一步，走向的世界是工作、開車、過日子都在對空氣講話。屆時，對這樣的東西講話會像跟身邊的人講話一樣自然。這是搜尋功能再下一步的迭代進化，還很可能不止於此。

像谷歌助理這樣的開發專案，還非谷歌拿不出來。這是由很多產品團隊協力合作才有的成果，有人工智慧墊底作支撐，還有谷歌的通訊工具出力幫忙。這樣的成績再轉化成產品，應該保得住谷歌舉足輕重的一席之地，持續的時間也不會太短。

第一場起義：反對 Maven 專案

二〇一七年秋季將末，谷歌有一群員工開始討論公司正在祕密進行一項專案，很不尋常。

他們發現谷歌要把AI技術授權給美國五角大廈使用，而五角大廈要拿這技術去破解無人機的空拍影片。

一想到五角大廈說不定哪一天會拿谷歌的技術去用無人機進行攻擊，那一群員工就心有不安，因此，他們將顧慮往領導階層投訴。這件事還在討論期間，谷歌有個網站可靠性（Site Reliability）部門的工程師方禮真（Liz Fong-Jones），聽說有這樣的專案，便用Google＋把這件事在谷歌內部披露出來。谷歌的勞動大眾可不習慣自己被蒙在鼓裡，就挖出了該專案的說明書（documentation）和部分程式碼，一看就知道計畫涵蓋的規模了。五角大廈把這專案稱作Maven，值好幾百萬美元，軍方要是對結果滿意，後續還會再注入更高的金額。

谷歌員工對於公司竟然有Maven這樣的事，反應不太好。谷歌的骨幹大多是自由派，才剛因為谷歌贊助「保守派政治活動大會」（Conservative Political Action Conference，CPAC）憋了一肚子氣，這時得知公司在做的東西有一天可能會用來殺人，還是偷偷摸摸地搞，情勢便急轉直下了。

「這來的時機啊，就是，『唉喲，媽啊，谷歌又搞了一件事情惹得天怒人怨啦，』」泰勒．布萊茲赫（Tyler Breisacher）現在已經從谷歌離職，當初他在谷歌就大力反對Maven專案。他跟我說，「偷偷摸摸是很氣人的。」

到了要入冬時，怨氣積得更高了，大家便寫了一封抗議信直接寄給皮查伊。「親愛的遜達，」信裡寫道，「我們認為谷歌絕不應該牽扯到戰爭相關的生意。因此，我們要求公司取消 Maven 專案。」

抗議信函經由谷歌的內部通訊工具流傳得很廣，不出一天便有上千人簽署。狄恩已經簽了另一份國際請願信，反對AI應用於自主式戰事，他對這發展並不意外。「很多研究機器學習的人對他們的研究成果要用在哪些方面，都有堅定的看法。很多都不願看到有人拿去開發自主式武器，」他說，「他們覺得這樣的走向對世人是很危險的。」

黛安．格林（Diane Greene）那時正是 Google Cloud 的主管，五角大廈這一筆生意就是她出面談下來的，她馬上在下禮拜的 TGIF 回應了抗議信，只是略欠思量。所以，接下來的「你問我答」時間，谷歌員工可就砲火齊發。「欸，我從國防部跳槽過來，就是因為不想幹這樣的勾當，」有谷歌員工對《雅各賓雜誌》（*Jacobin*）說了當天開會的情況，說有同事說了這樣的話，「除了這樣的『你問我答』，我們哪裡還可以發聲，說這樣的事情絕不可以去做？」

情勢就此急轉直下，反 Maven 的迷因塞滿了谷歌的 Memegen，簽署抗議信的人也多出了幾千人，還有十多人從谷歌辭職。有人將抗議信外流到《紐時》，隨後又再有外流的資料：Google Cloud 當時的 AI 主任科學家李飛飛（Fei-Fei Li），她的電郵裡有一句話很要命，就這樣被《紐時》引述上了頭版：「千萬、**千萬**別提AI或是把AI牽扯進來。」李飛飛在一封電郵裡談到 Maven 的定位，說：「AI變武器可能會把AI變成極敏感的話題——說不定還是**最**敏感的。

這可是媒體垂涎的大肥肉，一定會千方百計用來傷害谷歌。」

眼看動盪的情勢愈演愈烈——還是谷歌自家講究的協作文化和通訊工具在推波助瀾——皮查伊再度出馬聽大家說話。谷歌那時正在制定綱領，準備作公司開發AI的指南。所以，谷歌員工表明他們對Maven的疑慮，皮查伊便讓他們加入制定工作。他不僅要聽員工對谷歌處理AI軍事應用的意見，他也要聽他們對公司其他棘手的道德問題都有怎樣的看法。

「那時是他提議我們應該多多聽取意見的，」肯特．華克（Kent Walker）是谷歌全球事務的高級副總裁兼首席法務，他跟我說，「他要我們對於該怎麼去想這樣的事，一定要聽公司從四面八方送來的意見。」

所以，谷歌在全球的各分公司舉辦了一連串全員大會。會中討論到的議題涵蓋透明度（AI應用於醫學技術應該透明到什麼地步？）、什麼時候人類應該插上一腳、什麼時候可以交由機器自主運作？開發出來的技術會傷害到人，可以嗎？

「我們表達的意思不外就是這些都是相當複雜的領域，是很新、演進飛快的技術，對於我們要怎麼下手、在動手前又要注意哪些條件，我們一定要很審慎，要作周全的思考，」華克說，「大家把注意力都集中到特定的一件事來，便像是一根馬刺在刺激你一定要做對，一定要聽各方的意見。但我們開會最基本還是在放眼未來。我們要確保我們打下的基礎沒問題，這家公司的每一個人未來幾年都是要在這基礎上面去做事的。」

谷歌開的每一場全員大會都有好幾百名員工參加，帶起一連串活潑的討論。「這些作法我真的很欣賞，」布雷茲赫雖然後來對谷歌的走向不放心，終究還是離職，但他說，「我在谷歌的最後一個禮拜，去參加過一場。那時我呢，就是想：『唉，都已經遞辭呈了，來參加也不會回心轉意。』但我還是很佩服他們，會上的討論真的很好，提出來談的事情都講得比較委婉。」

華克和他的團隊聽取全員大會給的建言，一起歸納出大概的準則，再去和谷歌的領導階層、憂心忡忡的各方進行討論。之後他們去見皮查伊，聽他的意見，作修正，修到皮查伊覺得可以公佈為止。

二〇一八年六月七日，谷歌一直在研擬的工作準則，由皮查伊對外公佈，即谷歌的「人工智慧綱領」（AI Principles）。這一套綱領的目標有的是有價值但沒什麼好說的，例如「於社會有益」、「不得製造或是強化不公的偏見」，還有「對世人負責」。不過谷歌也列出了他們的AI應用不會去做的事，這包括「技術會引發或是能夠引發整體傷害」、「武器或是技術的主要目的或實施結果，會促成或直接造成人身傷害」。

谷歌這份綱領的遣辭用字，看在抨擊谷歌最猛烈的人眼中像在打迷糊仗。谷歌日後又會怎麼解釋自己的條文（例如「整體傷害」是在說什麼？），也不明朗。不過，谷歌來的這一場Maven起義，利用谷歌自家的協作工具來發威，要經營階層感受到員工心中的不滿，可是回響不斷。之後，谷歌終於表明他們不會和五角大廈續約。

Maven 事變並不是谷歌首見的內鬨。谷歌的員工原本就不怕大聲嚷嚷他們反對的意見。但是，這件事還點出了這樣的狀況：拿谷歌的通訊工具來抗議，威力可比過去大得多。所以，不用多久，包準還會有事。

第二場起義：「大退席」

Maven 事變過後幾個月，谷歌的員工於全球各分公司聯合來了一場罷工，人數有兩萬人之譜。這件事情如今名留谷歌史冊，叫作「大退席」（The Walkout）。之所以出事，是前一個禮拜，二〇一八年十月某天，《紐時》報導安迪．魯賓（Andy Rubin）因被控不當性行為而離職，谷歌付給這位創設安卓系統的大佬九千萬美元作分手費。該報導還進一步說，谷歌還包庇另外幾位有類似不當行為的人。

假如 Maven 起義可以被當作一時脫序而一筆勾銷，算是谷歌人心的不滿注入了大環境的政治運動並洩漏給大眾的特例，那麼，「大退席」就指明了谷歌這家公司正一腳踩進了新的領地。谷歌的通訊工具確實是谷歌的勞動大眾得以做出突破性產品的利器，而這利器的另一面，如今也要現形了。不管是哪裡，只要用這工具的時間一久，反專制的異議運動和偏激對立就隨之而來。谷歌這時開始嘗到這樣的力量作用在自家是什麼滋味了。

「大退席」的開端很像埃及解放廣場（Tahrir Square）、美國「占領華爾街」（Occupy Wall Street）、全球「女性大遊行」（Women's March）這些「串連」（networked）的抗議活動，起源也都是先前藉藉無名的幾人在社群媒體掀起一陣小小的水花。雖然這一次的矛頭對準的是一家公司，不是獨裁領袖或是殘缺不全的政治體制，源起的事件還是有許多相同的特徵。

《紐時》的報導一出，谷歌內部群情激憤。根據指控，魯賓和同事有婚外情，強逼她作口交。魯賓否認指控，主動離職，《紐時》說他離職時支領了巨款，外加佩吉發公文祝他一切順利，走得「像英雄告別」。「在此我要祝福安迪（魯賓）此後一帆風順，」佩吉寫道，「安卓確實是他畢生卓越的成就——坐擁超過十億的滿意用戶。」

克蕾兒．史泰普頓（Claire Stapleton）是YouTube的產品行銷經理，看了報導十分驚駭，差一點倒地。嚇到她的不僅是有這樣的事，還有這竟然是發生在谷歌裡的事。她跟我說：「這可是在追求更好的文化裡出的事，兩相並置，真的十分令人震驚。」

史泰普頓當天一直在谷歌內部的媽咪群組追蹤大家的反應，群組裡有不少同事匿名說出各自遇上什麼騷擾、人資那裡的檢舉流程失靈，還有歧視等等的情事。看了一整天之後，她下定決心採取行動。

她發了一封電郵到媽咪群組，後來也將內容披露到《紐時》去，她在信裡問大家是不是願意採取集體行動。「不知道我們可以怎麼利用我們的集體槓桿力量？……我們要是團結起來，可以做到什麼？」她寫道，「退席？罷工？給遜達寫公開信？谷歌的女性（還有盟友）這時候是**真的**一肚子怒火，我在想我們應該怎樣運用怒火的威力，去真的扭轉什麼。」

隔天，史泰普頓另外成立一支群組：「女性遊行」（Women's Walk），希望將集體行動組織起來，她將群組發到媽咪群組去分享。她說：「我馬上就曉得我們做得成一些事了，因為大家都蜂擁過來加入這群組，大聲宣洩她們的怒氣，勇敢自豪。」

群組裡的人開始提議要向領導階層傳達幾項要求，其中一人做了一份 Google Docs 作紀錄。谷歌精神遇上這樣的紀錄當然表露無遺，頁面一口氣塞進幾十人都在加進自己的要求、對別人的要求作評論。除了這一份 Doc 和群組清單，這一場日漸壯大的運動還運用谷歌內部的網站在提供同事最新消息，用谷歌 Spreadsheet 登記聯絡資料。這一批組織「退席」的人（這時已經很多了）不管做什麼都不隱瞞，用的是谷歌公用的工具，冠的是自己的真名。

「我們要抓住這一刻在谷歌的歷史寫下一頁，」史泰普頓說，「而谷歌的文化還有這樣一塊地方讓我們這樣子搞，不得不說是真有兩下子。我們太習慣在谷歌的群組、在公司內部版的谷歌裡跟人辯論了，所以大家一直能把自己的反對意見傳達出去。這是谷歌文化好的一面。」

由於二〇一八年的美國期中選舉在即，運動積累的衝勁也壓在她們背上，組織「大退席」的群組覺得沒時間再等下去了。所以，她們喊出星期四大退席的口號，距離史泰普頓創立群組還沒過一個禮拜。「這一次合作好美，」她跟我說，「讓我想起了『A型人格』和『做好學生』都是些怎樣的人，特別是為了共同的目標而團結起來，像在谷歌。」

這一次，皮查伊還是跟面對Maven事變一樣，聽。他在員工舉行「大退席」前發文給大家，為公司前一次在TGIF的反應不如人意道歉（當時谷歌的經營團隊隨便說一聲「不好意思」打發大家，就馬上轉向Google Photos部門做的簡報），說他很重視公司對行為不檢應該要嚴格一點。接著他跟谷歌員工說，他們的「大退席」會得到該有的支持，他把他們的意見都放在心上。「你們有些人對於我們的政策、流程該怎麼往前走，提出了實用的意見，」皮查伊寫道，「你們的回饋我都會接受，好讓我們可以把意見轉化成行動。」

即將舉行「大退席」時，史泰普頓的群組人數有兩千名左右，但她和其他幾位主辦人對於活動有多少人參加，心裡其實沒底。她們把退席的時間訂在早上十一點，各地分公司以所在時區為準，這樣串連起來就有「天雷滾滾」的氣勢了。第一波退席從亞洲開始，日本、新加坡等地的谷歌員工參加者眾。之後輪到歐洲、紐約、山景園區。迄至一天結束，總計有兩萬人響應，是史泰普頓群組人數的十倍。每一處退席抗議的地點，谷歌員工有大聲公的用大聲公、沒大聲公的就用嗓子，喊出各自遇上的不當待遇——事態演變得太快，連集會許可都來不及申請。

「雖然什麼都還沒做到，可是大家情緒高昂，都很興奮，被團結的力量感動，」史泰普頓說，「陣仗很大，我們也用這麼大的聲勢來證明這是重要的大事。」

不過這一場「大退席」讓兩邊都不甚滿意。谷歌的領導階層可是被自家的員工好好羞辱了一頓。谷歌在這節骨眼兒不得不應付公司裡騷動的人心；外在大環境反川普的政治運動——這是貫串保守派政治活動大會、Maven、大退席、達默幾件事而在谷歌激起大反彈的主軸——如今對谷歌的員工形成挑戰，也更加刺激眾人的反應。

至於「大退席」這邊，他們的要求只有一件要到了：對目前員工不再實施強制仲裁制[6]。「大退席」跟「占領華爾街」、「女性大遊行」一樣，抗議的組織沒有集權的領導中心，以致提出來的要求五花八門——像是有人便要求董事會要有員工代表——也少有實際的力量可以將要求實現，除了威脅要再發動抗議。

我問史泰普頓「大退席」有辦法避開「占領華爾街」運動的命運嗎？「占領華爾街」是向當權的勢力爭取到些許讓步，但也就此無疾而終。她跟我說這不是重點。「我們從不標榜我們有多團結——像是大家都用整齊劃一的步伐『一起大退席』這樣。從來就不是。」她跟我說，

6 編按：forced arbitration，是限令勞工如要挑戰雇主的違法行為，必須透過私人仲裁，而不是在公開法庭上的制度。這種作法能讓違規的雇主避開公眾問責，令員工和社會大眾無法清楚知道雇主的違法行為。

「我們群組伺服器裡的清單只有兩千人，但響應我們大退席的應該有兩萬人吧，我想。我們根本不曉得他們都是些什麼人、該怎麼聯絡。其實根本沒人覺得這會是持續的運動。我覺得這要等新的狀況出現，才會再度啟動冒出來。」

谷歌的抗議未幾就亂了方寸，跟大多數的抗議運動一樣，尤其是從社群媒體汲取動力的分權式運動更容易這樣。我在山景園作訪談時，問過華克，谷歌覺得這樣的運動有建樹嗎？「大體來看，講究開放、意見回饋、員工向心力的企業文化，是和我們的創新有直接關係的，」他跟我說，「我們很珍惜這些，我們必須找到方法讓兩邊配合得當。」

華克的言外之意，就是谷歌正在檢討他們的內部通訊網絡該有怎樣的功能才對，而谷歌沒多久也公佈了一條新政策，勸阻員工少發表政治言論。至於發起「大退席」的史泰普頓和同事梅瑞迪絲・惠塔克（Meredith Whittaker），兩人都從谷歌離職了，而且自稱是遭谷歌秋後算帳。經此事件，到了二〇一八年底，皮查伊和他的領導團隊在谷歌員工心目中的信任度下跌了兩位數。

谷歌的工潮和公司的反應，已經讓現今在職和已經去職的員工懷疑，該公司的文化真的經得起上萬名員工這樣子折騰嗎？「大退席」過後，谷歌的領導階層也在和這問題纏鬥。皮查伊和身邊的團隊已經著手縮小公司開放的幅度——削減ＴＧＩＦ，開除幾名搞運動的人——他們想在保留谷歌文化的好因子之餘，還能削弱爭議和抗議的力道。只不過這是魚與熊掌，不可兼得。

皮查伊到頭來還是要決定他是要保留公司的透明度，好好處理可能連帶引發的不滿，還是乾脆把這樣的文化斬斷命脈，然後吞下後果。開放一點、多作辯論，才有助於谷歌未來作決定時多想一下，同時幫他們留住蜂巢腦。不管蜂巢腦有時有多難處理，有了蜂巢腦，谷歌才能夠團結合作去應付谷歌助理那麼繁雜的難題。沒有了內部的通訊工具，沒有了隨之而來的開放，谷歌這名稱可能不再是動詞，而是淪為 Lycos、AltaVista、Ask Jeeves、Excite 者流——後面這幾家是在搜尋引擎界發出過一些聲音，但是終究適應不了。

第4章

庫克的蘋果大問題

Apple

馬克斯．布朗李（Marques Brownlee）是蘋果近來很感興趣的那一類人。布朗李是 Youtube 上的網紅，有上千萬名訂戶定期把他對最新科技產品一針見血的點評消化下肚。布朗李是當今這年代的潮流領袖，是新品類的網紅（influencer），塑造大眾對現在科技公司的觀感。而蘋果的行銷機器，時年雖已四十四，但是上油保養得很好，對這一點自然清楚得很。蘋果辦發表會一定會邀布朗李出席，也讓他直達公司最高層克雷格．費德瑞格（Craig Federighi）——蘋果備受敬重的工程部高級副總裁。布朗李自然也大手筆投桃報李，對蘋果給予好評；蘋果稱霸科技界這麼久，這樣的交易已經駕輕就熟了。

有這樣的背景，使得布朗李對蘋果 HomePod 的評價格外令人吃驚。二〇一八年二月，布朗李雙手搭在一具新出品的智慧型喇叭上面——蘋果等了很久才推出來向 Google Home 和 Amazon Echo 叫陣的產品——開口就罵，足足罵了九分四十秒。

布朗尼的評價一開始好像無傷，點評的是 HomePod 的硬體。他讚美 HomePod 的網格外殼很好看，還有按鈕（調整音量大小的兩個按鈕）、電源線、外罩柔軟有彈性的觸感、世界級的音質。布朗李說：「最近我用了好幾款智慧型喇叭聽了好幾類的音樂，這確實是音質最好的一款。」

隨後，他的口氣幡然一變。他說，像 HomePod 這樣的產品，最要緊的是它做得到的事情——結果它有好多都做不到。布朗李把 HomePod 做得到的基本功好好盤點過一遍——從

Apple Music 聽音樂、幫你把最新收到的簡訊大聲唸給你聽、為你作氣象報告——之後開始盤點 HomePod 做不好的了。分不清不同人的嗓音、無法搭配另一具 HomePod 作同步、無法將 Spotify 設定為預設的音樂播放器。再下來，他就毫不節制地罵起來了。

「沒辦法在網上買東西，」布朗李說，「沒辦法在網上訂餐，沒辦法用來叫 Uber 或是 Lyft。沒辦法要它幫你讀行事曆、寫行事曆，沒辦法同時設定幾個計時器，一次只能設一個，你在廚房裡用智慧型喇叭不就好像一次要設定好幾個的嗎？沒辦法自己開口叫它幫你撥電話——還有，這碼子事你竟然還要先在手機裡設定好了，再隔空播放到 HomePod 才行！沒辦法查食譜，沒辦法用 Find My Phone（找我的手機）。我還可以一直列下去。你拿 HomePod 去和別的智慧型喇叭比較，它做不到的事情還真多呢。所以，總結來說，HomePod 真是奇奇怪怪。」

布朗李用困惑又失望的口氣作出判決：「大多數的情況啊，老實說，要是買個音質相差不多但是智能更高一點、能做的事情多一點的喇叭，你會好過一點。」他說，「現在去買 HomePod 來用，用得多了只會把 Siri 不太對勁的地方放得更大。」

讀到這裡，各位大概了解 HomePod 為什麼把布朗李搞得誇不起來了。而這一款教人大失所望的產品，正是蘋果企業文化的直接產物。蘋果到現在還是死守他們做事的老方法，創意、點子什麼的要從上而下送過來才算數。

在庫克領軍的蘋果裡面，「工程腦」可是遍尋不著的（雖然庫克本人就是工程師出身）。公平自由的創造發明也不太鼓勵，不論是人還是點子都由職位層層節制，協力合作也因保密所需而受到阻擋。不止，蘋果的內部技術還落後競爭對手好幾年。結果自然可想而知：把上面交代下來的粗糙點子（喇叭）打磨得漂漂亮亮，這事蘋果是做得十分出色，但要全公司的人一起動腦創造新穎的產品（喇叭裡的助理），那就力有未逮了。

所以，現在我們對這家公司要問的最重要問題可以說是這樣：蘋果的企業文化要是不作徹底的翻新，他們跟得上現在推進快速的商業世界嗎？iPhone 賣得愈來愈慢，新一代的運算法也在崛起，蘋果必須掙脫僵化的肌理，否則有淪落成 Homepod 難友的危機：金玉其外，敗絮其內。

精進文化——阻礙創新的禍首

羅蘋．黛安．高德斯坦（Robin Diane Goldstein）幾年前到舊金山一家旅館去開會，她早到了，便去給自己倒一杯咖啡。高德斯坦那時是二十二年資歷的蘋果老將。她在擺在房間一側的桌上挑了個馬克杯，心情馬上就變糟了。「我的手指頭伸過杯把，就摸到杯把內側的模線，」她跟我說，「心裡的第一個念頭就是，這東西的設計師和製造商為什麼不肯多花個三十秒，把

蘋果

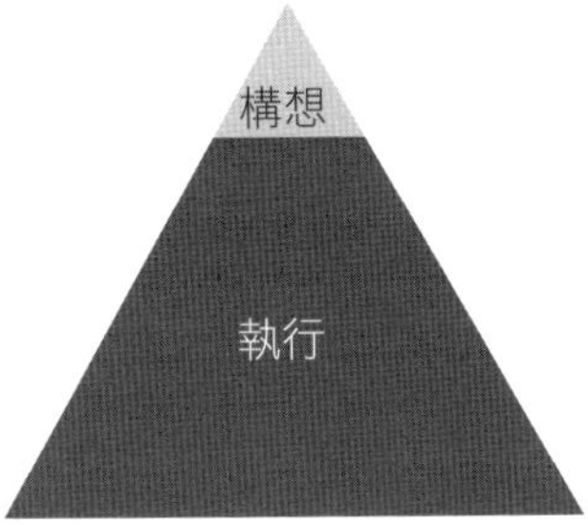

杯把內側也磨平呢？」

那第二個念頭呢？「去你的，史蒂夫（賈伯斯）。」

「就像是說，我這都毀在你手裡了，」她說時笑了一下，「大多數人才不管這些的，根本就不會去注意；大概會覺得把手內側有一點刮手，或是摸到了一條線，但不會放在心上。但在蘋果待了那麼一陣子，我懂了，『不對，這很要緊的。』外表看不到，可能只摸那麼一下而已，卻還是整體經驗的一部分。」

高德斯坦說的事，正好讓人管窺蘋果運作之一斑。賈伯斯在世的時候，蘋果是由他提構想，再由公司上下將他的構想琢磨、潤飾，不留一絲模線或其他這樣的東西在產品上面。這樣的企業文化把執行放在第一優先，做的固定是把上頭交付下來的想法打磨成漂漂亮亮的東西。

「那裡有個夢想家，也有個獨裁者，」有個從蘋果離職的人跟我說，話裡指的都是同一人：賈伯斯。「那個獨裁者大權在握，有一大堆點子，爆發力強，精力充沛。統率旗下大軍朝他為公司、為產品勾畫的種種夢想前進。他認為他的產品應該是什麼模樣、大家又應該怎麼用，沒人比他自己更清楚。由於這一點，也由於他散發的領袖魅力，眾人紛紛跟隨。」

到如今，蘋果做的依然是在打磨賈伯斯生前創造的兩大代表作：iPhone、Mac。蘋果將這兩件產品作了大幅度的改良：更薄，更快；搭配起穿戴式產品，像是 Apple Watch（供 iPhone 用戶佩戴的手錶）、AirPod（供 iPhone 用戶佩戴的耳機），用處更大。蘋果也推出 Face ID 和 Apple Pay 這樣的功能（這兩種功能都還算討喜），讓 iPhone 用戶的日常生活更加方便。少有公司像蘋果這樣單靠既有產品，就能再額外做出這麼多東西。

然而，跳出這些裝置再作創新，就是另外一回事了。蘋果押寶在野心遠大的新產品——像 HomePod 還有他們的自動駕駛汽車——都得不償失。而蘋果精益求精的作風，也就是賈伯斯的遺緒，便是禍首。

專制的精進腦

蘋果如今是以六位高級主管扛起賈伯斯的遺缺，推動蘋果前行，提出構想之後交由一層再一層的下屬去做出來。這六人團是：庫克，不愛出頭的執行長，有營運背景；艾迪・庫伊（Eddy Cue），軟體和服務部門高級副總裁，個性鮮明活潑；菲爾・席勒（Phil Schiller），產品行銷主管，不張揚但權力很大；傑夫・威廉斯（Jeff Williams），監督設計的營運長；費德瑞格，工程部門高級副總裁，能幹、圓滑；還有約翰・強南卓亞（John Giannandrea），從谷歌跳槽來的蘇格蘭人，主持機器學習和AI戰略。另外，安姬拉・艾倫茲（Angela Ahrendts），當過博柏利（Burberry）執行長和蘋果零售業務主管，原本應該也在這小組裡的，但在二〇一九年下台。裘尼・艾夫（Jony Ive）也是，原本在蘋果主管設計，出類拔萃但有時不甚合群，一樣在二〇一九年離職。

蘋果的設計師是執行高級主管命令的第一線員工。工程師在亞馬遜、臉書、谷歌像是皇族，設計師在蘋果可就上了神壇。設計師在多數公司是從別人那裡接到活兒，奉命要把東西弄得漂亮一點。但在蘋果，是由設計師發號施令，決定產品要有什麼樣子、給人什麼感覺，然後交由工程師和產品經理去把東西做出來，至於技術會有多困難，設計師才不操心。

設計師攪和在蘋果產品開發的流程裡，是蘋果得以時不時就改良旗艦產品的助力。蘋果的設計師對產品一般不會放手不管。產品自始至終都有他們在緊迫盯人，好把推卸責任的情事壓到最低。一般產品做得只算「還好」的公司，都少不了推卸責任的習氣。

「裘尼為我們帶來的資產是為我們建立了這麼一支團隊，才華無與倫比，肚子裡的東西不止於好設計而已。」道格・賽茨格（Doug Satzger）在蘋果擔任設計師不只十年了，他跟我說，「他們懂好設計、好工程、好製造、商業經營是怎樣的。這每一件事，使用者在我們最終的產品上面都感受得到。」

賽茨格和同事在產品創造流程當中介入得很深，他們定期要在中國的生產線那邊待上好一陣子，確認產品符合預期。賽茨格跟我說，他在灣區辦公的同事有的每年要在中國待上兩百四十天，還有的乾脆搬到那裡定居下來。

這樣的傳統持續到現在還沒改變。二〇一九年聯合航空（United Airlines）有文件外流，依文件可見蘋果每年要花三千五百萬美元在往返舊金山、上海的航班。臉書、羅氏大藥廠（Roche）、谷歌是僅次於蘋果的大顧客，每年花在聯航所有航班的費用「超過三千四百萬」，這樣子計算都還壓不過蘋果飛中國的一條航線。

設計師的地位在蘋果備受敬畏，他們的同事甚至還要上勤前教育，學習怎麼跟他們講話，有時連展示產品的角度都要先抓好。「我們的事前準備可是一點細節也不敢馬虎，」蘋果有前員工跟我說，「再小的事情也都要先打理一下，像是從開會的架構到什麼資訊要給、什麼壓著別給，怎樣措辭，準備什麼備案，枱面下該準備好什麼以備不時之需——我們花大把時間都在搞這樣的小事。感覺好像花了好多力氣但未必和創新拉得上關係。他們就像神一樣吧。很多人確實是把他們當神看的。」

蘋果的經營高層有這樣的專制作風，自然不會去親近公司基層。他們的員工是來聽命做事的，不是來提供點子或意見的，所以，上下打成一片這樣的事沒人會想要做。亞馬遜、臉書、谷歌的普通員工常有他們和執行長相處的花絮可說，蘋果員工和庫克就不太聽得到有交集了。

「我遇見過庫克，互動算不上親切吧，」琴・羅格（Jean Rouge）在蘋果工作過，她說，「我在走廊遇到他，跟他說早安，他看了我一眼，大概在想要不要理我吧，然後，他從我面前走過，說『再見』，不是早安，不是今天好啊，伙計，諸如此類的，而是簡簡單單一聲『再見』——幾乎像是『滾開』，『沒時間理你』的感覺。

「大家都說蘋果的文化有一點冷——這大概還是公關潤飾過的說法，」羅格說，「換作是我，我會說那裡是『人肉冷凍庫』。」

祖克柏和皮查伊會在公司裡辦全員大會，貝佐斯有他的六頁書，蘋果卻找不到什麼管道可以將點子、創意之類的往上傳。我問過蘋果那一名前員工，要是幫她安排好計畫可以向庫克還有他身邊的領導階層談她有什麼創意，「嗯，不可能喲，」她對我說，「應該做不成。我從沒聽過有誰想幹這樣的事。」

庫克雖然和基層的關係十分疏遠，但在高級主管當中人緣倒是不錯，他們都說他是思慮周密、要求嚴格的執行長，幽默感很好，性情謙遜。

「你放心，他從來不會衝動行事，他一定會考慮得萬事周全，不管是小事還是公司關係重大的問題、挑戰什麼的，」狄妮絲・史密斯（Denise Young Smith）當過蘋果的全球人才暨人力資源副總裁，她跟我說，「這樣的紀律、卓越、注重細節，始終要做得更好，把做得出來的最好產品提供給顧客，這一切，他本人身體力行。」

放在幾年前的商業環境，企業員工還受制於太繁重的執行工作，不太能施展創意和構想，庫克為什麼會是接手賈伯斯的自然人選，就看得出來道理了。但是，現在的商業環境已經有變，蘋果再不甘願，不跟著改變也不行。領航的夢想家要是也能駕馭員工的創意，勢必要比做不到的人更能締造功業。

筒倉保密術

蘋果的產品研發向來保密到家，即使自家員工大多一樣蒙在鼓裡。保密的目的是要加強聚焦，協助工作團隊追求卓越，也減少研發走漏的機會。

蘋果員工要是想跟同事講自己在做的專案，一定要有「解禁」（disclosed）的資格，或是徵得公司准許可以和人提起，而他對話的同事一樣要有「解禁」的資格。在雙方同具解禁資格的狀況之外，蘋果員工是不准跟任何人提起他們在做的專案，同事、朋友、配偶都包括在內。

「我絕不跟我團隊裡面應該做什麼事的人說他應該做什麼事，」馬克・麥諾（Marc Minor）以前在蘋果的行銷部門做過事，他說，「我不可以提產品的名稱，我不可以提代號。而且，除非你講話的對象知道代號是指什麼，你跟人提代號也沒用。」

蘋果的解禁制有助於排除分心的雜事，讓員工可以心無旁騖去和產品最小的細節糾纏。「這樣一來，你這個人應該專心做什麼事情就簡單明瞭了，因為其他的事情你啥也不知道。」有個在蘋果當過工程師的人跟我說，「谷歌給人一種感覺，公司的每一件事每一個人都有責任，每一個人都知道公司裡的每一件事，每一個人都在做內部測試，每一個人都在對內部測試提意見，這樣的結果就是權責沒那麼以個人為限，但在蘋果，你只知道你手上在做的這一件事——你只要管這一件事就好。」

或者換成高德斯坦的說法：「他們被關在各自的筒倉裡，這樣專家才能當他的專家。」

除了加強聚焦，蘋果由於有這樣的保密制度，推出新產品時也更教人驚喜。而「驚喜」這條件，每年要把媒體和蘋果迷吊上兩次胃口：一次是新的 iPhone 機型介紹，一次是蘋果的「全球開發者年會」（World-wide Developers Conference），簡稱 WWDC，焦點在如何以蘋果作業系統為基礎再作開發。

蘋果的行銷和宣傳團隊在這兩件大事之前一個禮拜，會進駐「黑箱」（black site），那是特區似的一棟建築，窗戶密不透光，專供蘋果審核、翻譯新產品的行銷材料。不管是哪裡用得到的材料，不論實體店、廣告看板或是線上，都在這處「黑箱」裡準備妥當。之後，大戲上場。麥諾對我說：「全都在庫柏提諾（Cupertino）的一棟小建築裡做好，大家關在裡面埋頭做大事，」也說到後來他發覺這樣子保密不是白費工夫。「他們控制訊息的功夫是該誇一下，」

他說，「搞行銷的人，控制訊息就是一切。」

蘋果員工要是洩漏新產品的訊息，甚至秀出已經宣告的產品預覽，都會被開除。布魯克・彼得森（Brooke Amelia Peterson）到蘋果的辦公園區去看她擔任硬體工程師的爸爸肯・鮑爾（Ken Bauer），之後她在 YouTube 貼了一段影片，裡面有鮑爾宣佈蘋果當時還沒推出的 iPhone X。犯這樣的大忌，代價慘重啊。

鮑爾跟我說，彼得森本來就是攝影機從不離身的孩子。所以，女兒對著手機拍的時候，他一時也沒發覺有什麼不對。「看她拿出攝影機，沒錯，是該要她關掉，跟她說這樣做恐怕不太好，」他說，「可是，就好像你的孩子愛棒球愛得要死，每天都戴棒球帽，你看習慣了，根本什麼也不會多想。」

彼得森一貼出她的影片，影片便開始瘋傳，蘋果裡的人也注意到了。「忽然間，早上八點吧，我接到蘋果安全部門打來的電話──『喂，有問題囉，』」鮑爾跟我說，「同一時間我的上司也傳簡訊過來了。」

彼得森刪掉了影片，只是轉發的還在四處傳。鮑爾想把轉發出去的都刪掉，但沒辦法。網際網路自有主張。「就好像五雷轟頂，」鮑爾跟我說，「事情有多嚴重我馬上就懂了。那一刻我就曉得我在蘋果大概完了。」

鮑爾之後和蘋果安全部門談話，坦承錯全在他，也想說服他們他絕不可能再犯。「過了約莫一天判決才下來──『好啦，你走吧。』」他說，「警衛押著我出辦公室，就這樣，完了。」

鮑爾很快覓得新職──一部分要歸功於他對女兒影片爆紅的反應不慍不火──也看似還能隨遇而安。他說：「我對他們沒有埋怨。」

這些條件──設計領軍的研發流程，聚焦，驚喜──合力把蘋果的旗艦裝置推上世人垂涎的產品巔峰。但同樣也是這些條件在拖蘋果的後腿，因為鍵盤打字、滑鼠點擊在轉向人聲講話、人手點劃之時，蘋果也遇上了劇變，震幅不下於谷歌那邊。

「樣子對了」就夠了

二〇一九年一月，庫克在蘋果的網站發了一封罕見的信。「致蘋果投資人，」庫克寫道，「今天，我們要修正蘋果二〇一九會計年度第一季的財務指引。」這是蘋果從二〇〇二年來，第一次修正他們的財務預測。二〇〇二年那一次，蘋果預期他們的營收預測無法達標，至少短少一億五千萬美元。這一次呢，短少還要更多，起碼五十億美元。

庫克列出幾條理由說明為何下修，不過，要緊的只有一條：iPhone 賣得不好。庫克寫道：「我們營收未達指引目標，全在於 iPhone 的營收低於預期，主要在大中華區；我們全年度營收衰退，大半也是因為這一原因。」

中國經濟難以擺脫頹勢，美、中貿易戰火逐漸升溫，都是iPhone銷量走低的因素，不過另一因素恐怕投下更大的陰影：智慧型手機的性能歷經幾年大幅度躍升，這時節，是否為頂級機型已經沒那麼重要了。一般人都會等久一點再升級手機，這就讓蘋果的銷量往下滑了。所以，二〇一八年十一月，蘋果表示他們不會再公佈iPhone的銷量，算是一葉知秋。

蘋果的共同創辦人史提夫．瓦茲尼亞克（Steve Wozniak）本人提出來的說法頗有說服力，他說iPhone已經來到未必需要升級的地步了。二〇一七年他接受訪問時說：「iPhone 8我用得很滿意，而iPhone 8和iPone 7沒兩樣，iPhon 7又跟iPhone 6沒兩樣，」還說他不會再升級到iPhone X。「你看看汽車嘛。幾百年來車子不都是四個輪子，大小能讓人坐得進去就好，再加個頭燈什麼的就好了。所以，汽車其實沒變多少。發展到樣子對了也就夠了。智慧型手機不也發展到人手拿得住了嗎？不論手大手小都拿得住。」

庫克接受CNBC訪問時，對此強自鎮定不露聲色。CNBC主持人吉姆．克雷默（Jim Cramer）說他女兒不會升級，因為她覺得沒必要用新的機型。庫克說他不會放在心上。「我覺得最重要的是她用得高興就好。」

不過，這件插曲還是當頭把現實砸向蘋果要他們清醒一下。之前有超過十年的時間，蘋果一直在將賈伯斯的構想打磨再打磨，精益求精到幾乎十全十美，玩到這地步也差不多該收手了。iPhone在二〇〇七年由賈伯斯送到世人面前，一路走來愈益輕薄、快速，儼然二十一世紀初期頂尖的消費裝置。然而，瓦茲尼亞克說的沒錯，精益求精的邊際效益愈來愈不明顯了，iPhone 6 和 iPhone 7、iPhone 8 其實看不出來差別。而且，蘋果的競爭對手也正趕了上來，步步進逼，做出來的相機和處理器直追 iPhone 水準，拉低了 iPhone 在這方面的優勢。蘋果在中國折損得特別嚴重，WeChat——有聊天、付帳、投資、叫車等多種功能——在中國成了有實無名的通行作業系統，輕易便可以從蘋果的 iOS 轉換出去。

拿賈伯斯的 iPhone 精益求精，既然不再是成長的可靠途徑，蘋果自然另闢谿徑，祭出大計畫要突破出去，而且需要發揮創新力方能實現。然而蘋果的文化——先前在夢想家領軍的公司裡創造出來的，但是那樣的年代已經遠去——看起來還沒辦法推動蘋果朝它必須前進的方向走去。

HomePod 慘案

蘋果在 HomePod 之前早早就有 Siri 了；二〇一一年十月四日，賈伯斯過世前一天，蘋果便推出用在 iPhone 上的語音助理 Siri。

有了 Siri，蘋果在語音運算這一條路上有機會一馬當先，一路揚長而去。不過，要給 Siri 最好的機會一騎絕塵，蘋果必須扔掉他們的精進腦。蘋果必須放棄筒倉，不再保密至上，讓

Siri 團隊多和別的部門攪和在一起，看看彼此的產品能否相容，也就是用谷歌做谷歌助理專案的作法來處理。蘋果也應該把 Siri 看作是獨立自存的產品，不是 iPhone 的附屬，這樣才能外掛到別的服務裡去使用。結果，蘋果沒一件做到。

「二〇一一年開始，史提夫死後，問題就層出不窮了，」Siri 團隊一位創始人跟我說，「庫克那人極好，很多事情都做得很好，尤其是執行這方面，因為他有營運背景。但他在產品這方面，沒一點遠見。」

蘋果沒解除 Siri 團隊的束縛，依舊死守筒倉和保密制度不放。Siri 的工作一概由上面指揮，專案祕而不宣，涉事人員和同事的互動一概壓到最低。

前述 Siri 創始人表示，少了協力合作——這走的是谷歌做谷歌助理的反方向——導致 Siri 專案走不動。「要進我們辦公室，要有三張通行證才行，其他人等一概進不了。我們差不多算避世隱遁了，沒人知道我們是誰。」他說，「他們認為一支團隊應該可以獨力做好所有的事情。真笨！協力合作是才是該有的作法，尤其是你做的這項產品需要用到很多別的產品才會有的資訊。」

蘋果決定維持筒倉和保密制度，有一部分跟他們的領導階層怎麼看這一款語音助理有關係。他們覺得 Siri 是美化 iPhone 的配件：好玩，為 iPhone 注入人格，iPhone 應該要更有魅力。但這是重大的戰術錯誤。他們把焦點放在 Siri 的人格而不是助理的效能，結果做出了不稱職的助理，大家自然沒了興趣。

蘋果的領導階層當初要是懂得好好去聽員工的意見，應該就不會這樣子去看 Siri 了。負責 Siri 的團隊想把 Siri 開放給蘋果生態系以外的第三方，讓 Siri 可以用在網路和 app 當語音層，這樣一來用處就大了，但是員工要不到結果。

「我們好多人有好長一陣子都在催蘋果要把 Siri 開放給第三方開發者。但他們不肯，」曾在 Siri 團隊做過事的某人跟我說，「他們認為 Siri 就是 iPhone 的一項功能而已，不太覺得 Siri 會是未來的作業系統。」

蘋果既然這樣子看 Siri，也就給設計部門超標的影響力在這專案上面，這是又一大錯。好幾個 Siri 工程師跟我說，設計部門把 Siri 想得很神奇、像人一樣，導致 Siri 性能不佳。工程師這邊想要做個回饋工具，被設計部門打了回票，覺得要用戶給 Siri 的性能打分數，會拉低 Siri 的神奇感。沒有了回饋機制，工程師要改善助理功能，只能靠自己苦苦掙扎。

「即使只有百分之一的用戶會跟你說這裡不對、這裡很好，或是怎麼不對，都是無價之寶，」Siri 的前工程師跟我說，「他們不肯這樣子做，是生怕會打破你是在跟人講話的幻相或感覺。我記得那時我為了這樣的事跟他們吵了好多次。不做這樣的事，是沒辦法作改善的。」

設計部門那邊也在 Siri 加進了動畫，看起來不錯，但是拖慢了 Siri 的速度。工程師對這有怨言，設計部門那邊可受不了。Siri 前工程師說：「這樣的事情要過設計那一關，很難，因為他們會這樣說：『喔，可是你看這動畫多漂亮！』」

蘋果的規劃流程又是另一道障礙。蘋果一般一年作一次計畫，得出一份從硬體來構想的開發行事曆。所以Siri的開發案是由公司交付一套預定要開發的功能下來，作為年度工作事項，至少開發早期是如此，以致Siri團隊在啟動之後沒多少靈活應變的餘地。

蘋果做的軟體十分出色，包括他們的作業系統，可是他們的系統沒有虛擬助理會聽、會對話這類的機器學習力。一年或是半年一次的計畫表，用這類實驗技術去開發助理功能並不合適。真要做這樣的專案，需要在啟動後還有靈活應變的餘地，與調整適應的能力。

作業系統本來就也是多款程式的容器，每一程式各自在系統內獨立運作，至於助理的功能，就一定要深入外掛到各款程式裡去，需要靈活一點，有深入一點的協作。蘋果以他們老派的文化和硬體領軍的規劃流程，在這些事情上實在力有未逮。

「蘋果最大的問題是把Siri這樣的東西弄得像硬體，擺到你面前你就明白知道接下來要做什麼，」另一位Siri的前工程師跟我說，「但其實你應該要謙卑一點，應該要多嘗試去做別的，多看看有哪些行得通，多投資在做得到的事上，多花一點時間在那樣的事上，應該要懂得有些事情需要的時間就是比看起來要久，因為你做的是最尖端的、機器學習一類的事情，你其實是沒辦法一開始就預測得到什麼的。」

二〇一四年十一月，亞馬遜推出他們的Echo和內建的Alexa助理。而蘋果對於這樣的智慧型喇叭概念可不怎麼驚奇，他們先前就想過要把 Siri 放進喇叭裡，但收手沒做，可能是有品質方面的顧慮吧。只不過亞馬遜的 Echo 問世大受歡迎，逼得蘋果不得不跟著出手，因為語音運算顯然會是疊在網際網路和 app 上的新作業層，對螢光幕的霸業形成挑戰。所以蘋果勉強加入戰局，動手做有 Siri 的喇叭。

HomePod 專案原本有望成為蘋果的轉捩點。HomePod 不像 iPhone；Siri 在 iPhone 只是一項功能而已，但是 HomePod 的使用經驗全要仰賴躲在裡面的 Siri 這助手。而蘋果若要 HomePod 成功，就要把筒倉、保密、設計領導產品研發流程這些全都丟掉，全心全意接受工程腦，廣納各層級、各部門的構想、創意。然而，蘋果這次還是選擇大隔絕而不是大合作。

蘋果從 HomePod 專案一開始便將幾個研發團隊隔絕開來，有的工程師連自己在做什麼都不清楚。「有人在某個時候是說過：『這很像 Echo。』但我最多也只知道這些，」以前在蘋果做過 HomePod 研發的工程師跟我說，「在推出前幾個月，有一次我碰巧在一個工程師的辦公室裡，他辦公室有一個紙箱擺在角落。我只是這樣隨口問一下：『那什麼啊？』他脫口就說：『HomePod。』所以，我是這樣湊巧看到了一個沒開機的 HomePod。」

蘋果把 HomePod 團隊藏在公司辦公園區外面的一棟建築裡，只限一小撮員工可以進出。這和當年搞 Siri 完全沒兩樣。另一個也在 HomePod 團隊做過的人跟我說：「你根本搞不清楚你在做的專案到底都有些什麼，」還說他懶得去搞蘋果的「解禁」程序，要說什麼關起門來談就好。「沒辦法跟有些團隊合作，是讓工作還要困難一點，你也只能動腦筋避開問題了。」

還有，蘋果沒有內部專用的通訊工具，也導致工作常會多做或繞了沒必要的彎路，拖慢進度。「很缺說明書，」前述另一位 HomePod 工程師說，「有的事情你以為沒說明書，只好自己去猜，自己去解決，但不知在哪裡其實是有的。」

蘋果原本要在二〇一七年耶誕假期之前推出 HomePod，但是推出日期一天天逼近，HomePod 有些核心使用案例（use cases）[7]卻行不通。蘋果不得不作出不太尋常的決定：延後。「我們急著要大家體驗 HomePod，這是蘋果的一大突破——家用無線喇叭。但我們還需要多一點時間方能準備就緒，送到顧客面前。」蘋果眼看假期將屆，不得不發表這樣的聲明，「我們會在二〇一八年初在美國、英國、澳洲等地開始運送的作業。」

多出來的一段時間也未能抹掉產品的瑕疵。HomePod 問世的時候，就算平時對蘋果相當友善的人，例如布朗李，也掩飾不了失望。HomePod 的銷量太過慘澹，eMarketer 到如今還是把 HomePod 的銷量劃歸到「其他」這一欄去，Amazon Echo 和 Google Home 則是各自獨立一欄。二〇一八年，Amazon Echo 的用戶有四千三百六十萬，Google Home 有一千九百三十萬，「其他」這一欄是七百萬。

我們談到末尾，我問 Siri 創始團隊的那位工程師有沒有 HomePod——他這時已經從蘋果離職了。

他跟我說：「我有一個，因為每一樣有語音的產品我都有一個。」

那他有結論嗎？

「我覺得在設計這方面跟以前一樣還是很好，」他說，「裡面的助理就很遜了。」

手搭方向盤

各位要的話就想像一下吧——在蘋果的賈伯斯劇院（Steve Jobs Theater）裡面，庫克滿面笑容走上舞台，準備向世人宣佈蘋果自 iPhone 問世以來最重要的大事。

該劇院位於蘋果庫柏提諾園區外圍，是位於地下層的禮堂，專門用來宣佈大事。庫克環顧禮堂上千名新聞媒體、合作夥伴、員工，對大家說出了好消息。

庫克面向觀眾，先向過去致意。「不管哪一家公司，只要有一項革命性的產品，可就堪稱萬幸。但在蘋果，我們有幸做出了三項，」庫克可能會說，「麥金塔、iPod、iPhone，三者

7 編按：是指利用純文字的紀錄來描述系統功能和其提供的服務，是以外部觀察者角度來描述觀察到的系統功能，重點是系統該做什麼，而非如何做。

都為世人的生活帶來深遠的變化。而今天，我們很高興再向各位推出同一等級的另一樣新產品。」

接著，他用出身阿拉巴馬州的沉著儀態，直接切入正題。「今天，我們要向各位介紹蘋果汽車，」他說，「蘋果汽車是全電動車，有世界級的車艙體驗，好過人力駕駛。這款汽車裡裡外外，所有的一切都是我們製造出來的，我保證各位一定會愛死它了。」

各位可以在腦海勾畫觀眾歡聲雷動的場面，蘋果當然有——他們這時候就在做這樣一款車。二〇一〇年代中期，也就是 iPhone 已經快要到「樣子對了」的時候，蘋果開始想做他們自己的自動駕駛電動車。他們起了個「泰坦專案」（Project Titan）的代號，投入大量資源要開發這一款車，認為這一定是他們公司下一件「革命性」的產品。不過，我們大概還要過一陣子才看得到庫克真的說出上述這樣一段話。

蘋果車——或蘋果最後要給它安上的其他名字——目前延宕不前，原因和荼毒 HomePod 的因素一樣：蘋果讓設計部門去指揮 AI 工程師，絆住了蘋果內部 AI 前進的腳步。蘋果還是把工程師困在筒倉裡，妨礙了他們的工作進展。蘋果迷戀 iPhone 無法自拔，也困住了他們的大腦，無力分辨做汽車該走哪一條路比較好。假如蘋果在 HomePod 遇上的麻煩還屬局部，可以過去就算了，那他們在汽車這邊的問題可就明顯蔓延到全體了。

蘋果內部將這款車看作是 iPhone 自然而然的後代。iPhone 結合世界級的硬體（裝置）、尖端的軟體（iOS），為手機立下了新標竿。這一次，蘋果要把同樣的配方用在不同類型的硬體（汽車）、全新的軟體（自動駕駛系統）上。

「我們認為 iPhone 是起點，」曾經做過泰坦專案的前蘋果工程師跟我說，「那就是基本的問題點之一。」

蘋果既然把汽車專案當作 iPhone 的精進版來做，自然又把關鍵的決定權交由設計部門去搞。然而製造自動駕駛的汽車，車子內部的軟體可比車子的外表要重要得多了，跟智慧型喇叭的道理是一樣的。蘋果的設計部門卻只知道下命令，拿繁重的要求困住工程師，而不懂得要聽工程師說這專案最好的作法是什麼。

例如設計部門想要把車子的感測器藏起來，這些東西是很醜沒錯，多了這樣的附件，是會把平常的自駕車弄得像是會往前滾動的潛水艇。可是把感測器蓋住，外部的設計便擋住了感測器的「視野」，搜集的資料就會受限，也逼得工程師要動腦筋換個次優的作法來避開這問題。

蘋果的設計部連方向盤也要下手。設計部先分派小組去設計有方向盤的車和沒方向盤的車，決定把方向盤整個拿掉，又再給自駕車團隊增加了技術挑戰，因為他們這下子得做出全自動的車了。「有一支設計小組說：『乾脆拿掉算了。』」前蘋果工程師說起方向盤的事，「設計團隊說：『喔，對啊，反正四、五年後車子應該也沒方向盤了。』其實根本不是這樣子搞的。沒有公司充分支持的迭代流程，推新計畫只會傷害蘋果。」

做過蘋果泰坦專案的第二位工程師，對設計部門指手劃腳的威力也歎為觀止。「工程方面的挑戰已經一大堆了，你還另外加上一堆設計方面的挑戰，那幾乎做不成了嘛，」他說，「工程師顯然對設計是插不上話，他們也只能動腦筋繞過去。」

蘋果的筒倉又把專案搞得更加窒礙難行，第二位工程師跟我說蘋果處理機器學習這件事，方向完全錯誤。「我們有的人在做自動系統，有的人在做臉部辨識。而我們還不能跟對方講話。不能跟別人說我們在做什麼，」他說，「可是，少來了，你四處走一走就曉得有人在做汽車偵測，有人在做眼部、瞳孔、臉部五官偵測。多的是東西在外流，一堆人在共用神經網路模型，用的是一樣的程序；搞得我都覺得好蠢。這樣真的拖慢了人工智慧運算法發展。」

最後，蘋果的經營階層還強迫工程師繼續用他們較差的內部技術（稍後再作詳述）。

「他們從來就沒有真正做出自己的東西，老是有所不足，」第二位工程師說，「蘋果的問題就在這裡。」

二〇一九年一月，蘋果將兩百名員工從苦無進展的泰坦專案調走。「我們有才幹非凡的團隊在處理蘋果的自動系統和相關技術，」蘋果的發言人告訴CNBC說，「該團隊於二〇一九年會專注在幾塊關鍵領域的工作，有的小組則會調到公司其他地方去做別的專案，支援全公司的機器學習和其他方案。」

蘋果這時一定覺得智慧型喇叭、自動汽車這兩個專案像是重複做了兩次的噩夢。前者先是延誤了發表的日期然後教人大失所望；後者論起發表還根本遙遙無期，連工作人員也愈來愈少。而這兩場噩夢之間有一條共通的軸線：蘋果的文化。保密和下行式規劃，一度是蘋果成功的墊腳石，後來卻是蘋果追求創新以求挺進未來的絆腳石。少了工程腦的結果，還真令人怵目心驚。

為了這一章，我找了二十多個蘋果的前員工作訪談，他們有許多還是忠心的蘋果股東，也說他們對蘋果的未來依然寄予厚望。不過，真說起老實話，他們心底蔓延的疑慮還是會洩漏形跡。前文提過的第一位泰坦專案工程師便跟我說：「智慧型喇叭都搞不聰明了，汽車要怎麼搞得聰明？」

《權力遊戲》噩夢版——IS&T

在蘋果這裡，員工是不是有地方施展創意、是不是有門路將創意付諸實現，從來就沒放在優先的地位。所以，公司高層也不會想到要像亞馬遜、臉書、谷歌那樣，注重內部是否有專用技術，盡量減少執行方面的工作。不只如此，蘋果的內部工具還正是員工怨聲載道的源頭。

蘋果內有一支團隊叫作「資訊系統與技術」（Information System & Technology），簡稱IS&T，蘋果內部的科技工具大多是他們做出來的——從伺服器、數據基礎設施，到零售和企業採購軟體——而且，幾乎人人喊打。IS&T 的成員大多是蘋果透過幾家人力顧問公司分頭雇進來的約聘人員，這些顧問公司還是隔空交火的對手呢！所以，團隊效能不彰以致做出來的技術老是欠佳。「公司裡的基礎設施由這一大堆約聘人員在管的，可是多得嚇死人，」曾和 IS&T 密切合作的前蘋果員工跟我說，「他們那一堆人等於在演《權力遊戲》（*Game of Thrones*）噩夢版。」

我找了幾個以前在 IS&T 做過事的人和他們的內部客戶作過訪談，勾畫出來的是部門內擾攘動盪的場面，內鬥老是搞得有用的軟體做不出來，還把約聘人員當作用過即丟的工具。

阿查娜．薩巴帕希（Archana Sabapathy）在 IS&T 當過約聘人員，在那部門先後做過兩回合，她跟我說：「每天都看得到有人在打冷戰。」薩巴帕希進 IS&T 工作第一次為時三年多，第二次呢，一天。她說在那部門，威普羅（Wipro）、印孚瑟斯（Infosys）、埃森哲（Accenture）這樣的人力仲介公司老是在互鬥，搶職位、搶專案什麼的；而搶不搶得到，主要看他們可以用多便宜的價格就把人員湊齊、做到蘋果的要求。

「他們只顧著把職位搶到手就好，」薩巴帕希說，「他們只在乎這個——工作是什麼，交不交得出來，要花多少力氣，甚至有沒有才能，他們才不管。他們找人才不看這些。」

IS&T 裡就這樣山頭林立，對人力仲介公司的忠誠度勝於一切。「交朋友嘛——想都別想吧，」薩巴帕希講起不同仲介公司招來的員工有沒有交情這件事，「這樣的工作不再是傳統的美國作風了，你一天大多耗在工作上面，所以，去工作應該會交得到朋友才對——但在那裡，哪有友誼這樣的事。」

IS&T 亂成這樣，搞得他們在蘋果的內部客戶還會因為合作的約聘人員突然不見，而被搞得暈頭轉向。「我合作的那人被調到完全不相干的部門去了，他們找了另一個人來替補，然後，不到一個月，那人又不見了。這些都不見了後，IS&T 就換了個新的專案經理，而且，從頭到尾沒人跟我說一個字。我是自己不小心知道的。」跟我說這件事的人，就是把 IS&T 比作《權力遊戲》噩夢版的那位蘋果前員工。

IS&T 的一件件專案終於結束之後，蘋果員工還會更頭痛，因為留下的爛攤子還得由他們來收拾。有幾個人都跟我說，IS&T 做的產品用起來有問題，之後，他們在蘋果的同事不得不捲起袖子重寫程式。

Quora 是矽谷人很愛去的問答網站，所以有人問了：「蘋果 IS&T 部門有怎樣的工作文化？」引發的回應還真教人難以相信。「工程品質還真是沒看頭，」這是按讚排名第一的答覆，出自匿名用戶，自稱曾在 IS&T 做過。「我剛加入的時候，看到他們的專案是怎麼設計、怎麼開發的，真看得我**頭皮發麻**。拿他們寫的程式品質去和高中生或是大一新生寫的作比較，你還真的分不出來有差別嗎。」我拿這件事去問以前在 IS&T 做過全職的人，他說完全正確。

Quora 上面按讚排名第二的答覆還更不堪。「我跟你們講一講我在 IS&T 的工作經驗。真的沒騙你，我要說——各位都聽過工程師在印度IT血汗工廠做事有多慘吧，這部門比大多數那樣的地方還要更慘，」答覆寫道，「我從到職的第一天到我離職轉到另一部門，每天過的日子都像在侵蝕靈魂，搞得我恨死我自己怎麼會進這部門來。」

薩巴帕希跟我說蘋果員工對IS&T約聘人員的期望值並不實際，因為他們只看到顧問公司拿到的總額（每小時一百二十到一百五十美元），可是約聘人員在公司抽成之後，拿到的可要少得多（一小時四十到五十五美元）。這樣一來，蘋果要到的是拿比較少的人在應付同樣高的需求，這不就注定做不來嗎？

我拿Quora的問答帖去問薩巴帕希，她幫我理清楚背景。「這些顧問公司都是從印度來的，印度那邊都是這樣，他們早習慣了，他們只是把同樣的作法照搬到這裡來就是了。」她說，「我們在印度也都是這類毒害人的工作環境，我們到這裡來就是想逃開，但在這裡又回到同樣的環境，看的是同樣的情況，真的很痛心。」

科技巨擘旗下有龐大的約聘人力而且工作條件不佳，蘋果並非僅此唯一。臉書、谷歌、亞馬遜都雇用大量約聘人員，許多都和正職員工一樣賣力，但沒有一樣的福利和薪資。這些約聘大軍增加得很快，不少有心人士已經注意到了，呼籲改善：例如谷歌員工的「大退席」就將改善約聘人員待遇列為抗議的主要訴求。美國參議員伯尼・桑德斯（Bernie Sanders）也針對亞馬遜約聘制度不透明一事，逼亞馬遜將最低工資拉到時薪十五美元。二〇一九年二月，科技

媒體 *The Verge* 的凱西・紐頓（Casey Newton）揭發臉書雇用約聘審查員，有些人的年薪只有兩萬八千美元，正職的員工年薪平均卻達二十四萬美元（之後臉書替他們的審查員加薪了）。

至於蘋果這邊，修好他們破破爛爛的 IS&T 部門不僅在道德面是理所當為，另也有助於公司的業務。蘋果如果想要重振他們的創新力，就必須讓員工有時間去開發創意。因此 IS&T 有朝一日在蘋果未必不能搖身一變成為很厲害的部門，既做出種種工具來減少執行的業務，也挪出空間供創意施展。但在蘋果好好檢討該部門之前，蘋果的員工還是會卡住，一邊在把不能用的內部軟體修好，一邊暗想這時間用來創造新的東西多好。

正面對決——捍衛隱私權之爭

二〇一五年十二月二日晨，兩名恐怖份子走進美國加州聖柏納迪諾（San Bernardino）一處會議中心，亂槍掃射，離去時已造成十四人死亡。翌日——警方射殺兩人之後——美國ＦＢＩ幹員走進他們距離不遠的住處，搜到一支 iPhone 5c。

ＦＢＩ認為這支 iPhone 對於調查兩名已死的恐怖份子和背後的潛在唆使人，應該是關鍵物證。只是有這個問題：鎖住了。ＦＢＩ發覺有四位數的密碼擋在他們和手機的內容之間。要是一連猜錯十次，那手機的內容可就會自動刪光光。

ＦＢＩ要求蘋果協助解鎖。可是蘋果沒辦法跳過連猜十次的關卡。ＦＢＩ不氣餒，改要求蘋果開一下後門：也就是弄個新版本的 iOS，讓密碼可以一直猜下去沒有限制。把這樣的新版 iOS 裝在 iPhone 5c 上面，ＦＢＩ就可以弄到他們要的資料了。可是做出這樣的 iOS，表示蘋果其他好幾億支手機也跟著沒了保障，易遭非法入侵，這可不是僅限一支 iPhone 的事。庫克期期以為不可，拒絕了ＦＢＩ的要求。沒多久，ＦＢＩ把蘋果告上法院，要逼他們就範。

拒絕ＦＢＩ可不容易──要是手機裡的資料未公開，以致有人因而喪命，該怎麼辦？不過蘋果還是堅守他們的決定。二〇一六年二月，庫克向蘋果的顧客發表公開信，以嚴厲的措辭表明他為什麼堅守在隱私權這一邊。

「政府部門提出這樣的要求，其中的牽連，教人不寒而慄，」庫克寫道，「有這一次破壞隱私權的先例，政府就可以要求蘋果做出監控軟體，攔截你的訊息，取得你的保健資料或是財務資訊，追蹤你的所在，甚至入侵你的麥克風或是相機而你完全不曉得。拒不聽令在我們並不容易。但是，眼見美國政府行事過當，我們自認責無旁貸，必須發聲。」

這一場戰爭把庫克拱成了捍衛隱私的鬥士──不論對手、不計代價也要為世人的隱私權奮鬥。庫克還死咬著不放。雙方對陣戰火方殷之際，他上了《時代雜誌》（*Time*）的封面，坐在桌前，一臉堅決，黑白照上印了大大的標題：「蘋果執行長庫克談他和ＦＢＩ的戰爭，談他為何堅不退讓」。

至於ＦＢＩ後來還是經由第三方弄到了手機裡的東西，官司也撤了，就不用管了——這一場正面對決，是庫克的轉捩點。蘋果向來注重隱私權，得出的結果便是他們的商業模式是以顧客為用戶，因而不需要其他渴求資料的廣告商來幫他們付帳單。不過，和ＦＢＩ的戰爭，加上「隱私權」與「蘋果」這幾個字，任何人只要略為注意一下都不會忘記。自此而後，舉凡傳送蘋果的訊息，庫克都會把隱私權放在正中心。

蘋果代表的一切都以隱私權為中心，這作法在庫克是有幾點理由的。首先，手機發展到瓦茲尼亞克說的「樣子對了」，愈難不理會手機的 iOS 作業系統對蘋果就愈好。而庫克強調隱私權，就把蘋果的 iMessage 和臉書的 Messenger 區隔開來，把蘋果的 Maps 和谷歌的 Maps 區隔開來，把蘋果的 Siri 和谷歌助理區隔開來。庫克和身邊的副手在蘋果的重大場合無不亟力強調他們極為注重隱私權。他們說蘋果的軟體才能教人覺得資料比較保險。隱私權如今也是蘋果廣告主打的一點。二〇一九年在拉斯維加斯舉行的「消費電子展」（Consumer Electronics Show）期間，蘋果便買下醒目的看板，打的訊息是：「你 iPhone 裡的東西，只會留在你的 iPhone 裡。」

蘋果主打隱私權的宣傳大戰期間，庫克不斷針砭臉書，不遺餘力。這是合情合理的戰鬥位置，畢竟臉書擁有三款勢力龐大的傳訊 app，很快就可以交互運作了：Messenger、WhatsApp、Instagram。這幾款 app 跟中國的 WeChat 一樣，只要換掉 iMessage 就可以撇下

iPhone不管了。所以蘋果一有機會就對這幾款軟體窮追猛打。

臉書深陷「劍橋分析」醜聞的泥淖時，庫克趁機上了新聞頭條。他接受訪問，問到他要是遇到祖克柏的情況會怎麼做，庫克回答，蘋果才不會遇上這種事。「你要是把顧客當作你的產品，自然日進斗金，」他說，「但我們寧可不要。」

庫克經營的也算是奢侈品牌，最暢銷的產品iPhone，市場的占有率幾乎和其他品牌的總和齊平。蘋果要是沒辦法經由創新再往前衝，那它就需要動腦筋把招牌一直擦得雪亮。例如隱私權。

我在看布朗李的HomePod影片時，不禁慨歎蘋果的產品比不上競爭對手，那在YouTube網紅當中打得進熱門的行列嗎？YouTube網紅可是我們這時代的流行標竿呢。所以我打電話給凱西．內斯塔（Casey Neistat）問他的看法；內斯塔便是YouTube網紅，也自己創業，他的頻道訂戶達一千一百萬。

「撇開產品不講，蘋果和庫克他們在我這位消費者的眼裡，保住了、說不定還加強了他們在乎我這個人的感覺，」內斯塔跟我說，「我信任蘋果，因為他們對隱私權的事情勇於發聲。但我閉上眼睛，我是怎麼想臉書的呢？我怕死臉書了。每天我都在心裡掙扎，我有沒有本錢——因為這關係到我的事業——我有沒有本錢關掉我的臉書和Instagram帳號？因為我好怕。我不曉得他們拿我的資料幹什麼去了，我搞不懂這些，覺得不是我能控制的，這樣子很嚇人的。」

而由我和蘋果員工的訪談，也感覺得到他們公司維護隱私權的決心是真的。蘋果不像其他同類型公司，對顧客的資料不必守得多緊就不守；他們一直守得很緊，有時甚至對自家的產品不利。「由於隱私權的顧慮，有一大堆資料他們是不會交給工作團隊取用的，但谷歌、亞馬遜那邊類似的團隊都拿得到，」一名 HomePod 團隊的工程師跟我說，「這可真的很討厭。」

一九九七年，蘋果推出他們著名的廣告——「不同凡想」（Think Different）。賈伯斯在公司對員工講話，談他了解的市場行銷。「行銷在我眼裡講的是價值，」他說，「當今是很複雜的世界，很嘈雜的世界，我們沒機會要世人多記得我們什麼。沒一家公司有機會。所以，我們要他們知道我們什麼，就一定要講得十分清楚……我們的顧客會想要知道蘋果是什麼，我們又代表什麼。」

那則蘋果廣告送出去的訊息滿是桀驁不馴，口白是這樣唸的：「我們敬那些瘋瘋癲癲的，叛逆不從的，惹是生非的，看事情就是不一樣的。」影片陸續打出愛因斯坦、金恩博士（Martin Luther King Jr）、約翰．藍儂（John Lennon）、甘地等人的影像。蘋果的價值就暗藏其間：蘋果屬於這樣的梯隊，一樣是惹是生非的，才不是分不出樣貌的一家公司。

如今，蘋果不再瘋瘋癲癲．不再叛逆不從，不再惹是生非，蘋果是市值上兆美元的巨人歌利亞，力壓無名小卒，雖然先前他們自認也是一員小卒。蘋果的產品一度有「革命性」之名，如今已是主流。蘋果傳達的訊息也就此生變。蘋果如今等於什麼？iPhone。怎麼行銷的呢？重視隱私。

蘋果要如何創新？

為這一章搜集報導資料即將收尾的時候，我心想iPhone既然都走到「樣子對了」的地步，不知蘋果要怎麼走下一步？而且他們的創新肌力好像萎縮了。所以我一邊暗求好運，一邊去信瓦茲尼亞克，覺得他應該有看法才是。幾封信來來往往之後，有一天瓦茲尼亞克約我下禮拜三早上到Original Hick'ry Pit見面，這是加州坎貝爾（Campbell）附近的燒烤店，離蘋果辦公園區不遠。待約會將屆，我開車沿州際二八〇號公路走，這是連通舊金山和庫柏提諾的高速公路，開了五十哩路，抵達的時候早了半小時，暗自擔心這位蘋果的共同創辦人真的會來嗎？

上午十點五十五分，離約好的時間還有五分鐘，瓦茲尼亞克和他太太珍妮（Janet）還有事業夥伴肯恩．哈德斯提（Ken Hardesty）一起走了進來。瓦茲尼亞克顯然是這家燒烤店的常客，要店員帶我們往裡面去，一行人坐定後各自點了早餐。隔著餐桌，我看著對面這人，當年他和賈伯斯一起孕育蘋果，設計出蘋果的第一具電腦，一九八〇年離開蘋果但是關係依然密切。瓦茲尼亞克一開口就把寒暄什麼的撇開，急著切入正題。他催我再跟他說一說我要寫的書，開始提問題，我乖乖照辦。

我們從創新開始談起。瓦茲尼亞克一下子就想起了他對 iPhone 的看法。「蘋果推出了什麼？iPhone 啊，」他說，「這十年來 iPhone 有多大變化？沒多大。我們生活的變化都是第三方的 app 商店帶來的，像是用 Uber，只是常被我們歸入蘋果名下。」

瓦茲尼亞克跟我說，蘋果的創新未必是在做出什麼了不得的東西，而是在幫我們把日子過得簡單一點。iPhone 一路精進這話題在我們討論時一再出現，像 Apple Pay、指紋辨識（Touch ID）這些，都是很討喜的功能。瓦茲尼亞克說：「我們一直都比較好用，簡單一點，比較切中要點，比較像人，沒想要做太多。」

這些改良幫 iPhone 維持他們雄踞手機市場巔峰的位置。即使現在大家不像以前那麼常買 iPhone，但他和我都覺得蘋果不會有事。「以用戶的身分來講，我對蘋果的現狀還算滿意，」瓦茲尼亞克說，「萬一他們的銷量在市場占有率掉了一半？那又怎樣？他們還是那麼大一家公司啊，照樣健在。」

不過，蘋果可沒意思要吃 iPhone 老本輕鬆度日就好。他們要製造汽車。他們要 HomePod 和 Siri 成功，他們對賈伯斯劇院有更大的計畫，才不想只拿那裡為 Apple TV+ 的節目播放預告片就好，Apple TV+ 這服務可是要從 iPhone 用戶身上再賺更多的錢（「因為它不就在十億人的口袋裡嗎？各位啊，」——歐普拉〔Oprah〕說的）。他們要做的可能還更多，我們都摸不著邊呢。而要實現這些夢想，蘋果就必須改變他們的文化。

我在跟瓦茲尼亞克談過工程腦後，問他蘋果要怎樣才能提高創新力？蘋果這位共同創辦人一開始撇開這問題不想答，只跟我說他不曉得蘋果是不是有辦法提高創新力，因為他不在蘋果裡面。

不過，我們會談要結束時，瓦茲尼亞克還是回答這問題了。「他們應該要交給層級低一點的經理人去決定，」他說，「多放一點權責給基層吧。」

第5章

納德拉：微軟個案研究

Microsoft

微軟在二〇〇七年以六十三億美元買下廣告公司aQuantive，但被買的公司可沒歡天喜地。有一名員工聽到消息說：「我才不為這什麼微軟做事。」一天後他辭職了。

一家初創公司剛被人花大錢買了下來，氣壓竟然這麼低，可不平常。員工幾乎一概會歡慶這樣的事，曉得這交易帶來的現金、穩定、支持，都能把他們從初創企業的壓力解放出來，讓他們更可以專心工作。只不過買方是微軟，那就另當別論了。

aQuantive之所以嶄露頭角，晉身為世界價值最高的廣告技術（ad-tech）公司，靠的是發揮工程腦。創意、點子在公司上下隨意流動。經營階層也不搞繁文縟節。上下一體，愛怎麼搞發明隨你。「你可以隨便進副總辦公室找人，愛跟誰聊就跟誰聊，我們這裡沒多少內部的競爭。」阿布德拉・伊拉米利（Abdellah Elamiri）在微軟買下公司時還在職，跟我說，「工作團隊要什麼時候發表成果就發表，擁有很大的自主權。」

微軟就不一樣了。那時微軟的執行長還是鮑默，他是從銷售部門爬上來的，把公司帶得官僚氣很重，腳步遲緩，死抓著過去不放。那時的微軟著眼點在保住他們非常賺錢的老本Windows和Office，他們把賺錢擺在創新前面，發展出「指揮—控制」的企業文化，著眼於短期求得最大的成效。Windows是個人電腦時代稱霸的桌面作業系統，而握有Windowds大權的強勢男性（alpha male），也就一直在公司裡呼風喚雨了。

「微軟的作風老派、強勢、自認全世界就屬我們最精明，」羅比・巴哈（Robbie Bach）

曾任微軟的娛樂暨裝置部門總裁，他跟我說，「這樣的地方，你一定要敢站起來說出看法、而且堅持不放才行。」

aQuantive 的員工曉得他們一旦進了微軟旗下，注定會有文化衝突。短暫的蜜月期後，伊拉米利說：「命令開始滿天飛了。」有一次 Windows 團隊差一點就害得 aQuantive 的核心業務沒命，因為，他們下令 IE 上面的 Cookie（網路跟蹤器）要禁，但 cookie 可是撐起他們廣告定向的基礎。他們後來取消，是因為布萊恩・麥克安德魯斯（Brian McAndrews）聽到了二手消息，極力反對；麥克安德魯斯是 aQuantive 原來的執行長，購併後留任。

微軟不及格的內部技術一樣搞得 aQuantive 員工沮喪不已。AI 那時在微軟還沒從冷凍櫃放出來，而且微軟如此獨沽自家 Windows 一味，絕對不肯用一下別人家做出來的工具。微軟要是有員工拿了蘋果的產品去上班，會被同事排擠，就算他們自家也正在開發同樣的裝置也一樣。鮑默有一次開會時還假裝砸了一具 iPhone，為大家定調。「一開始的問題就是他們非微軟技術絕不上陣，」伊拉米利說，「不是在雷德蒙（Redmond，微軟總部所在）做的我們不用。」

再到了二〇一二年，微軟把 aQuantive 原本六億三千萬的帳面價值減到跟零差不多。在這中間有關係的人無不清楚微軟的企業文化是罪魁禍首。aQuantive 有個前經理人那時接受科技新聞網站 GeekWire 訪問時說：「拿廣告營收對比軟體營收，或拿谷歌計劃推出免費軟體來作再多解釋，都沒辦法矯正他們眼裡只有 Windows 的作風。」

微軟降低 aQuantive 帳面價值的同一個禮拜，美國雜誌《浮華世界》（*Vanity Fair*）流傳出一篇文稿：〈微軟失去的十年〉（"Microsoft Lost Decade"），正像是鮑默領軍微軟時期的寫照。該文明指 aQuantive 的潰敗絕非特例。文章寫道：「原先是體質精瘦的競爭機器，由才幹非凡的年輕夢想家領軍，後來卻發生突變，長成虛胖臃腫、充斥官僚習氣，養成的文化於有意無意之間捧出來的經理人都只懂得扼殺創意。」

伊拉米利在 aQuantive 光彩日褪的時候轉到微軟的 Skype 團隊去，而他就在這裡看到風向開始轉變。鮑默在二〇一四年下台，讓位給納德拉這位二十二年的微軟老將。

納德拉自稱是微軟「完美的局內人」（consummate insider），深知微軟不作改造——或是用他的暢銷書書名《刷新未來》（Hit Refresh）來說——就活不下去。微軟獨沽 Windows 一味已經害他們錯過了手機革命，他們的勁敵如蘋果、谷歌如今名下都有世上首屈一指的手機作業系統。死守 Windows 可不再站得住腳。微軟一定要懂得讓核心業務承擔風險，改將焦點放在手中尚存的大好機會——雲端運算——要不然就淪為「無足輕重了，再接著一路下坡，很難堪、很痛苦，再接著，一命嗚呼。」所以，納德拉隔著華盛頓湖向對岸的鄰居取經，把公司拉回第一天去。

納德拉要改造微軟，必須先檢討微軟的文化。微軟這家公司有太多的壁壘阻擋了創意跨部門流動，創新的肌力也早就萎縮。納德拉為了扭轉局勢，就將微軟弄得像併購前的 aQuantive。

他拿大槌砸了階層組織，把強勢男性一一恭送出門。他引爆創意，運用AI減少執行工作。他拆掉筒倉，推動協力合作，強調同理心，打散權勢滔天的Windows團隊。

《浮華世界》的那一篇文章寫道：「微軟失去的十年可以作為成功是個陷阱的商學院研究案例。」

不過，這時他們可需要另找案例來講了，因為納德拉已經帶著微軟反彈，寫下了歷史新頁。而納德拉走的重生之道，便是把未來放在過去之上，全力擁護工程腦。

納德拉的「第一天」

那一天是加州帕洛奧圖（Palo Alto）罕見的下雨天，蘇珊・艾塞（Susan Athey）教授將我迎進她的辦公室，在史丹福大學商學研究所的三樓。艾塞在矽谷是很難找的直腸子，實事求是的學者，之前曾協助我看穿一份竟然枉顧供需原理的研究。她在鮑默在職的時候也是微軟的首席經濟學家，因此特別適合討論微軟「失去的十年」，以及它又是怎麼從坑裡爬出來的。

我見到艾塞那一天，她正好很忙，之前、之後都安排了事情。她在史丹福校園的辦公室堆得到處是書，高與肩齊，一面白板也寫得滿滿的。我一落座，艾塞便朝後靠在椅背上面，談起了微軟因為過去而絆住未來的事情。

她說鮑默領軍的時期，微軟有路線分歧的兩大派。一派——我要叫作「老本派」（asset milkers）——認為微軟應該把他們賺大錢的 Windows 業務全都吃乾抹淨再說。另一派——我就叫作「未來派」（future staters）吧——就認為微軟應該不惜把 Windows 大卸八塊好去建立下一階段的運算。

「有人覺得——而且不是沒有道理——既然有這麼雄厚的資產，不就應該盡可能榨取利益到死為止嗎？」艾塞說的是 Windows，Windows 有超過十年的時間一直在桌面作業系統占去超過百分之九十的市場。「另一種人就覺得，不對，我們覺得我們打進新階段是真的做得成、賺得了錢的，而且還不可以把舊階段能榨出來的油水都先榨乾。」

這兩派打的關鍵戰役就在雲端運算。二〇〇〇年代初期，微軟有個部門叫作 Server & Tools，協助客戶做出程式裝在桌機使用。到了二〇〇八年，Server & Tools 的業績已經高達一百三十億美元，一連二十四季交出兩位數的成長，在微軟總營收占比高達百分之二十。Serve & Tools 的客戶有的會把做出來的程式再賣給別人，有許多則是做出應用程式供自家內部使用。網路的速度加快之後，企業也開始將內部使用的應用程式主機（例如電郵伺服器）改放到外面去，再做出軟體供大家在網路瀏覽器上使用，而不是桌面——也就是運用雲端運算。微軟看出情勢有轉向雲端的跡象，也必須決定是否支持，又要支持到什麼地步。

雲端運算雖然前景大好，但對微軟的 Windows 業務算是威脅。軟體一送上了雲端，大家不就不**需要** Windows 了。大家隨便在什麼作業系統上都可以用應用程式；Windows 可以，蘋果的 macOS、谷歌的 ChromeOS 也都可以。大家也不必再用微軟高價的內部伺服器了。所以，「老本派」就覺得把那麼賺錢的 Server & Tools 部門轉個方向，變成侵蝕 Windows 的地基，可是會大難臨頭的。但在「未來派」眼中，這樣一轉向，微軟在雲端服務這方面可以搶先領頭一步，雲端服務的業務應該會相當昌盛。

未來派在推雲端業務的時候，遇上一塊大路障：微軟自家的客戶，他們跟微軟說他們絕不轉進雲端。這些客戶一般都是企業的資訊長（chief information officer，CIO），負責公司各部門軟體的採購、安裝、防護、維護、評估等等事情。資訊長一般不愛牽扯「未來」的事，因為，銷售、行銷這樣的部門要是各自去訂購網路代管的軟體來工作，他們的權力和影響力可會大幅縮水。艾塞說：「你要是去找這樣的人說：『你們要不要把部門收了，作業轉送到雲端去？』你聽到的一定是異口同聲的『不要』。」

微軟有一陣子是聽這些資訊長的，但在公司的策略團隊和艾塞作過深入一點的分析之後，卻發現事實與他們聽到的相反。艾塞說他們得出來的結論是：「不出數年，這些資訊長不是轉到雲端那一塊、就是會被掃地出門。」只不過微軟這邊還按兵不動，亞馬遜那邊卻已經把他們的雲端平台 AWS 給做好了，在雲端服務領先了一大步。再到二〇一三年，鮑默宣佈他未幾便要下台，這時，「基礎設施即服務」（infrastructure as a service，IaaS）[8]總計九十億的市場，百分之三十七盡屬亞馬遜 AWS 的囊中物，而且每年以百分之六十的速度在成長。微軟遠遠落後，只拿下了百分之十一的市場。

微軟在 Office 這邊也有類似的取捨難題。Windows 裝置最主要的吸引力在 Office 套裝軟體，許多人買 Office 是要用套裝裡的 Word 和 Excel。這些放上行動裝置和網路瀏覽器供人使用，會危及 Windows 的命脈。把 Office 放上瀏覽器也會把他們的桌機銷量砍得七零八落，當時這方面的銷量還不錯。所以老本派要 Office 以桌機使用為主；未來派遙望即將到來的手機時代和雲端運算，主張 Office 要遍地開花，無處不在。

微軟的 Office 策略在鮑默時代一般順著老本派的意願來。所以，谷歌推出 Docs 和 Sheets 的時候，微軟沒做出網路用的 Office，而是把 IE 的速度放慢，硬是把 Office 扣在線下。幾年後，微軟是做了縮減版的 Office 放上網路，供手機使用——但只限於 Windows 裝置。即使如此，微軟對於他們的網頁版 Office 從不聲張，以致連他們自家的員工都不知道還有這東西。

「有一件事差一點把我氣瘋，」艾塞說，「我記得第一批網頁版推出來的時候，我在微軟四下走了一圈，跟大家作簡報，叫出網頁版的 Office 給大家看，然後大家就說：『我竟然不曉得有這東西。』自家人不知道自己家裡有這樣的東西，未必多稀罕，但到了外面，大家也是說：『啊？有網頁版的 Word？』」

微軟裡戰爭打得正熱鬧，鮑默在這節骨眼兒把納德拉提攜上來了；那時納德拉是微軟搜尋引擎 Bing 的主管，兼 Server & Tools 的頭頭兒。納德拉不同於微軟其他高級主管，他沒有特大號的自負，表達意見從不跟人比大小聲。他對微軟爭權奪利的內鬥敬而遠之——那時老本派和未來派這兩邊老是鬥個不休，其他人也差不多，都算日常活動了。納德拉因為在 Bing 那邊的工作看到了運算的未來走向，對於公司既有的產品自然不覺得神聖不可侵犯。

雖然 Bing 還是大家口中的笑柄，納德拉在 Bing 那裡的經驗仍為他上了一課，明白雲端運算和 AI 有多重要。搜尋引擎是要用在瀏覽器上的強大程式。所以你做搜尋引擎，就等於是做在雲端上的。Bing 和谷歌一樣，耙梳大量資料（幾乎遍及網際網路的每一個網站、網站的內容、其間的鏈結），想辦法理清頭緒——這樣的任務特別適合機器學習。納德拉二〇〇〇年代後期在微軟的 Online Service 部門當高級副總裁，Bing 便在這部門裡，他也在那期間對網際網路的未來惡補了一堂課。

「主管搜尋引擎業務的時候，資料中心的種種成本還有種種效能你全都要懂。你對雲端運算的部署也必須是專家才行，」艾塞說，「另外你對 A/B 測試[9]平台、對持續改善、機器

8 編按：將硬體運算資源虛擬化，依據使用者的需求動態提供運算資源服務，讓使用者不需要購買硬體設備，透過租用即能使用運算資源。

學習也都要精通才行。納德拉在這些方面都是專家。」

納德拉二〇一一年接管 Server & Tools 時，知道他們單單是為商家提供伺服器和工具去做桌機用的軟體，是行不通的。

納德拉眼看著亞馬遜的 AWS 一問世便先聲奪人，加上經濟學者團的分析，便判定事不宜遲，再拖下去微軟就落到後面去了。他在 Bing 那裡的工作，教會他在市場老是當個落後很遠的老二有多難捱，他可不想再來一次。雖然可能危及 Windows 的核心資產——業務十分蓬勃的 Server & Tools 就更不在話下——納德拉還是表明 Server & Tools 在他管轄下的焦點會是推動雲端運算。

艾塞說：「他被我們的分析說服了，這還有一點嚇人。」

二〇一三年末，鮑默——他沒回應我作訪問的要求——曉得他再待在微軟也沒有用處了。手機和雲端崛起，主宰科技地景，他硬扶起來的老本派便失去了公信力。艾塞說，鮑默提攜納德拉上位，其實是微軟的重要轉機。但是對鮑默而言，為時已晚。該年八月，鮑默說他要下台了。

鮑默走了，把微軟扔在艱困但還撐得下去的窘境。但他走前的一大手筆，拿七十二億美元買下諾基亞（Nokia），留下的可是無法磨滅的無能印記，因為，微軟後來也把諾基亞的價值歸零了。不過，納德拉在微軟的 Server & Tools 部門，卻已經在為微軟打造未來了；畢竟這位可是有膽子推開 Windows 的道統，迎進雲端和手機——也就是未來派的夢想——的人。二〇一四年二月四日，微軟在快速搜尋一回之後，提名納德拉出任執行長。

自由平等的創新

納德拉出任微軟掌門人後，大家對他的策略少有質疑。由這位新任執行長過去在 Azure 和 Bing 的資歷，明顯可見他應該會以手機優先、雲端優先的眼光帶領公司前進。納德拉上任第一天，發了一封電郵給所有的員工，也斬釘截鐵講明了這一點。

「我們做的產業從來不禮遇傳統——只禮遇創新，」納德拉寫道，「我們的工作便是要保證微軟在手機和雲端優先的世界還能蓬勃發展。」

對納德拉來說，定策略不過是執行長簡單明瞭的職責。棘手的部分在文化。他接手的微軟比較喜歡改良 Windows 和 Office，而不是創造新產品，以致員工要是有新穎、厲害的創意，

9 編按：一種透過分析兩組介面設計來了解使用者體驗的測試方法。應用範圍包括網頁、App 介面、廣告，有些公司也會利用它來分析新產品對使用者產生的衝擊、影響。

在這樣的環境過得不會愉快。微軟的領導人習慣了獨霸的日子，也自以為大家看到微軟出的東西就一定會買單，最後根本抓不到一般人要的東西到底要怎麼去做。所以，微軟進了雲端服務這塊競爭激烈的新市場，憑他們的老習性是走不通的。

「微軟向來不在乎用戶，」一名在微軟當過產品經理的人跟我說，「產品團隊大多是這樣的心理：『我們做好了他們不就來買了，別瞎操心了。』」

納德拉要在微軟帶動起創新的新紀元，首要之務，便是賦予員工權力再提出遠大的創意來。他在上任第一天的電郵裡就定下了基調。「有時我們低估了自己做大事的能耐，」他寫道，「我們一定要扭轉這一點。」

納德拉接著要他的領導團隊多吸收創業思維，把微軟買下的幾家公司創辦人請到他們的年度領袖營來，也請初創企業人到微軟在華盛頓州雷德蒙的總部，將創立未久的新公司是怎麼構想事情，傳授給微軟的高階主管。茱莉．拉森—葛林（Julie Larson-Green）跟我說：「好幾家初創企業進公司來跟我們講他們開創的業務、他們的文化、他們怎麼經營公司，讓我們接觸多種不同的思考和新穎的觀念。」她是微軟二十四年資歷的老將，升到體驗長（chief experience officer）[10]一職，後來在二〇一七年末離職。

納德拉也擴大「微軟車庫」（Microsoft Garage）這單位，這是微軟進行產品實驗的實體暨虛擬空間，還成立公共網站供微軟推出實驗 app。微軟網站的文案如今頗有亞馬遜獨有的氣味：「我們之所以是我們，始終在於這樣的座右銘：『不坐而言，但起而行』。」[11]

納德拉每週會在禮拜五開一次幕僚例會，他還在會議中辦過一系列的「奇思妙想研究員」（Researcher of the Amazing）活動，從公司四處找來推動創新專案的員工出席，向大家作報告。

納德拉在微軟新帶起的創新活力若要發揮用處，就必須將其導向做出一般人想要的東西。所以，他要產品團隊調查他們的顧客在實際生活都遇到些什麼狀況，也就是先把焦點放在顧客的需求而不是微軟的需求。納德拉吩咐他們，做東西要有同理心。

一名微軟現任產品行銷經理就跟我說：「這不僅要想顧客要什麼，還要設身處地去當顧客。」

普莉妲·威爾曼（Preeta Willemann）曾在微軟當過產品經理，做過 Sway 這一款簡報軟體，她跟我說：「公司的觀念變了，大家開始從討論產品和性能，轉向到底是怎樣的人會用這樣的

---

10 編按：整合顧客與員工體驗的領導人，負責發展公司的顧客體驗與員工體驗，以協助公司培養和發揮這兩種體驗結合的力量。

11 「微軟車庫」網站上「關於我們」這一頁，曾對亞馬遜的領導心法作了更直接的致敬。二〇一九年九月，網頁上寫道：「我們的車庫偏愛行動。」我拿這件事去問微軟作查證，電話才剛掛斷，這一句就從網頁消失了。微軟的發言人後來說是純屬巧合。

東西、為什麼要用、我們又要怎麼作出區別。」

威爾曼這話是納德拉上台後一年說的。她的團隊全體——「幾個產品經理、設計師、工程師、每一個人」——把手上的事情暫時擱下，聚在一起腦力激盪，想像怎樣的人會用他們的軟體，為時兩個禮拜。之後，他們去找他們想像裡的人選作訪談，了解他們是怎麼過日子的。「一開始我們只是了解一下他們是怎樣的人、他們生活裡有什麼事會是我們的機會，就是絕不去想我們的軟體，」她說，「等我們看出了機會，就和他們一起看看我們的軟體可以怎樣用在這些事情上面。」

作過這樣的訪談後，這團隊才發覺有的產品功能是自己比顧客還要欣賞。微軟那時在做的一款產品有很多拉風的功能，像是3-D視像，但是產品的目標顧客——小企業——要的是簡單樸素一點的東西。威爾曼說：「他們大多對我們做的軟體很沒興趣。」所以團隊馬上根據回饋意見作調整，她說：「這樣子做事就清楚得不得了。」

帶著同理心去做東西，對於微軟的雲端運算服務——改叫作Azure了——特別有用；想當年微軟他們可是客戶不想要、但納德拉不得不硬賣這些服務的呢。納德拉在Bing部門的時候，本人就已經是雲端用戶了，所以，他這時候便要Azure團隊站在客戶公司資訊長的立場去想事情。這些客戶——銀行，還有其他動作遲緩的大公司——轉進雲端服務一般需時數年。所以微軟針對他們的情況來打造產品，提供混合型服務，既有雲端也有桌面支援，這樣資訊長不會失勢，也可漸進將公司推向未來。這樣的模式就將微軟和亞馬遜的AWS區別開來了；依照微軟內部的研究，亞馬遜的雲端服務通常是賣給公司，去讓他們把軟體app全都放上雲端。「微軟當企業供應商有不短的時間了，以前資訊長都信任微軟，現在依然信任微軟。」席德・帕拉（Sid Parakh）在貝克資本管理（Becker Capital Management）擔任投資組合經理，在微軟這裡押的賭注很大，他便跟我說，「微軟一有不錯的產品出來，他們的顧客一般都會有興趣。」

納德拉也必須為員工勻出時間來去好好構想點子，還要為他們打通門路去找到合適的人來互相搭配。為此，他靠的是AI。

微軟的銷售部門也像當今大多數銷售組織，業務代表還是要花大把時間在客戶關係管理（CRM，customer relationship management）工具裡面挖東挖西，看看有誰可以找、可以說什麼、怎麼排優先順序。但這種工作沒什麼附加價值，用機器學習技術絕大部分都可以免去；機器學習可以篩檢銷售資料，根據過去類似客戶的交易結果，預測最有可能成交的生意。

把機器學習應用在銷售，原本應該是微軟這樣的公司理所當然的一步棋，畢竟他們可是有世上首屈一指的AI人才。但是，微軟卻要等到納德拉在二〇一六年把公司的AI部門重組，指派一部分人員多作實際應用，方才認真考慮起這樣的事。納德拉那時說：「我們要把AI注入我們所有的運算平台和體驗所做的事情裡去。」

重組過後，微軟為他們的AI研究員成立了一支委員會供大家作創投式提案。委員會要是喜歡研究員的提案，就會提撥資源和幾個禮拜的時間讓他們把原型做出來。之後，做出來的成績要是達標，便會再有幾個月時間去把成品做出來。

那時微軟正好有個研究員帕拉布赫狄．辛（Prabhdeep Singh）想要離職自行創業。研究部門有高級主管聽到辛要離職，就建議他向委員會推銷一下提案，當作磨練提案技巧也好，之後再走不遲。辛決定一試。

辛在構想微軟的機器學習可以怎樣應用的時候，看出在銷售這邊的機會最為明顯。「要想應用人工智慧而且馬上就看得到結果、最快掌握得到的，就是在銷售和行銷上面，」他跟我說，「因為，只要有用，馬上就看得到營收往上跳。」

辛向委員會作了提案，獲准去做「每日建議」（Daily Recommender）這功能，那時的代號叫作「Deep CRM」。「每日建議」是運用機器學習力去耙梳微軟的業務代表可以採取的行動，然後逐一推薦價值最大的，讓業務代表有權採納或是跳過。原本要靠人力在可怕的CRM（還有其他系統）上細細搜索的苦工，就這樣被這工具消除了。

微軟「每日建議」這功能至今健在，會以每一位顧客一千個資料點來考慮作怎樣的推薦。當中包括其他客戶在類似情況會怎麼做，就算那些客戶不是該業務代表負責的也沒關係。提的行動建議有像是致電X客戶，因為他們剛有資金進來且在成長，或者是致電Y客戶，因為他們某一產品的用量在往下掉，可能要變心了。

諾姆．朱達（Norm Judah）當過微軟的企業技術長，當年這功能就是他在管的，他跟我說：「這功能會找到機會，掂一掂斤兩，再把最有可能的那些往上推。」

「每日建議」運作的時候就是在學習。要是有業務代表一天跟著做了五十條建議的事，那麼系統就會跟著調整，提高建議量。但要是只做了二十條，系統也懂得不要給那麼多。業務代表聽取某一建議而成交了，系統就知道這建議大概不錯。要是業務代表跳過某一建議但還是成交，系統也知道這建議下次不提也罷。

「銷售人員了解某一客戶的文化行為，或是用什麼順序在買東西，」朱達說，「隨著系統建立的歷史資料愈來愈多，人的直覺判斷就確實可以演變成運算法。」

微軟的「每日建議」是以他們中、小型企業的銷售人員用得最為頻繁。大一點的企業，微軟就改用別的機器學習工具來提示客戶下一次大概會買什麼。辛的團隊剛開始要推出這樣的系統時，很擔心微軟的銷售人員會大反彈，怕他們覺得沒這東西工作效率還更好一點。但試用才沒多久，微軟沒這系統可用的業務代表——也就是實驗裡的控制組——就開始喊他們也要用了。

辛說微軟把AI加進銷售作業，在他要離開微軟那時，營收已經因此多出兩億美元了。但是，業務代表因此省下了不少時間，這才更重要。

微軟的銷售團隊既然有機器學習系統在減少他們的執行工作，也就多出時間可以去和客戶多聊一聊了。而微軟的產品開發流程這時也多了同理心，銷售人員與客戶多聊一聊——他們可是微軟與客戶關係最深厚的一批人——跟著也會影響產品開發的走向。

「銷售那邊這時候幾乎是什麼都可以自己來了，」辛說，「釐清客戶的需求，將需要量化，跟他們說他們的需要有哪些微軟的產品可以做到，然後把回饋意見從客戶那裡送到產品團隊裡來。」

微軟後來又再運用 OneList 這軟體工具將功能和性能要求集中起來，由 OneList 將產品構想從銷售這邊傳到產品團隊那邊。「那些東西全都聚合到同一個地方，然後工程那邊的領導人就要對這清單負責，」朱達說，「辨識出來這些是一回事，但有流程把辨識出來的匯整成計畫，或是排出優先順序，也是很重要的事。」

如今微軟在他們的雲端客戶關係管理系統 Microsoft Dynamics，也有「日常建議」這類的程式，叫作 Relationship Assistant。至於辛，他在二〇一八年跳槽到 UiPath 這家公司，將他講求實際的 AI 應用拓展到微軟的軌道之外。而微軟也就此一直在做大家又想要用的產品了。

那天在洛斯戛托斯餐館（Diner of Los Gatos），矽谷一家老派小餐館，我和微軟的技術長凱文・史考特（Kevin Scott）餐敘，席間他跟我說，像「每日建議」這樣借助機器學習力的系統，已經遍佈微軟。

他說：「看得到法務、人資、財務等等部門的人都在用這樣的工具來解決問題。」微軟前景最光明的這些工具為微軟的每一個人都開啟了創新的大門，史考特開始舉例：像是Lobe，微軟二〇一八年買下的公司，就在協助技術能力不足的人也可以借助機器學習力自己寫程式。Lobe的創辦人之一對這系統的基本AI就不太懂，但一樣用它做出程式，用來監控他沒有公共水電的住家裡的水塔水位。史考特跟我說，水塔有砝碼和水塔內的浮筒用繩子相連，只要一具網路攝影機和幾個軟體標籤，Lobe就可以分辨砝碼的位置。掛在水塔外的砝碼要是往上挪，程式就知道水塔裡的水位在往下降，便會去更新水塔裡的水位資料。

「你把這些影像輸入機器學習類的系統，喊一聲開始，它就建好模型了，」史考特說，「強大得嚇死人。」

微軟的工具也替寫程式的人省下很多執行的工作。他們有一款程式Visual Studio Code，是運用機器學習在工程師寫程式的時候預測他們會怎麼寫。史考特說：「系統會看你打出來的東西，依據系統對你寫的程式構造以及程式語言的理解，建議你接下來要怎麼寫。」

微軟使用的內部技術——大多是微軟自製供內部使用，之後才對外授權——有助於經濟體內各類公司減少執行的工作。史考特說：「現在早上能催我起床的念頭，就是我們現在有責任盡我們的人力把這些工具放進世人手中，愈多愈好。我們要給世人力量去用先進的機器學習和AI進行創造，而且是很大、很大的規模。」

在我們等帳單時，我問史考特，有人認為發明這件事只限於一小群人才做得來，大多還是寫程式的人，他怎麼看？

他說：「神經病才這樣想。」

沒有束縛的階層組織

納德拉認為就算激發了大家的創意，也要公司裡的高級主管懂得接收才會有用。所以，他在重建微軟的文化時，就必須帶動高級主管願意傾聽。

鮑默帶領的微軟從來不重視基層的想法，著魔似地只求把核心產品再修得更精良，巧思、創意什麼的根本不管。基層找不到管道可以直截了當將想法往上傳達。員工最好少跟直屬上司之上的人講話，除非直屬上司也在場。開個會做的也是在磨練訓話的功夫而不是傾聽。

納德拉多年來親身見證微軟的階層組織綁住了人才、綁住了思考，在《刷新未來》書中直接表露怨氣。「我們的文化太僵硬，」他寫道，「階層組織、尊卑順序決定一切，自動自發、創造發明因此受到傷害。」

納德拉為了將人才、創意從微軟的階層組織解放出來，還直接採用臉書教戰手冊裡的策略。他也打造了回饋文化，要員工每一季和主管開一次意見座談，叫作「連線」（Connects）。他還辦起了你問我答座談，本人出席，好好傾聽。

「我剛上任頭幾個月，有大把、大把的時間都用在聽，」納德拉在書裡寫道，「聽，是我每天工作最重要的事，因為，聽，能為我打造未來數年的領導基礎。」

納德拉的傾聽運動迥異於鮑默的作風，但符合他本人一貫的行事路線。早年他在微軟就常帶年輕下屬出去吃飯，聽一聽他們對科技走向的看法。「薩提亞會問我有沒有意見，」二〇〇〇年代早期曾在微軟和納德拉共事的人跟我說，「很難想像欸，高級主管竟然會找個平凡無奇的二十三歲專案經理來問：『嗨，這一家初創公司情況怎樣？』沒有哪個高級主管會這樣搭理我。」

好幾個目前、先前是微軟員工的人都跟我說，納德拉的作風把微軟的領導階層改成了和藹可親的新人設。「每一次開會，每一場合，他對自己知道什麼、不知道什麼，都不隱藏。」那位當過體驗長的拉森—葛林說，「這樣大家就不怕把心裡的話明白說出來了。」

微軟講究階級的文化有一塊殘跡，一樣被納德拉抹除了——只是現在你上 YouTube 還看得到。鮑默時期，微軟每年要集合員工開年度大會，鮑默本人在台上滿場飛，高聲大喊著標語口號，像是「我愛公司」，背景裡還大聲播放出音樂。這類影片在網上累積了好幾百萬的觀看次數，主要還是在看好戲。微軟裡面有傳言說，鮑默上台前都要咕嚕灌下一整罐熊熊蜂蜜（honey bear）。在YouTube的留言，不少人想的卻是別的東西。

鮑默耍的把戲確實好看，但也是微軟在他治下階級分明的縮影，因為那時微軟的高級主管都愛衝著下屬吆喝下令，從來不聽下屬想說什麼。納德拉接手執行長後，把這年度大戲砍了，改用「One Week」取代，燈光、音樂一概免了。他辦的一樣是年度員工大會，但是以員工為中心舉辦的黑客松（hackthon），不再是執行長領軍的造勢大會。

「我們有行政助理、法務人員、財務人員，都可以提點子。」拉森—葛林談起黑客松說，「我們是為一般人製造產品好讓他們改善日常生活的。所以，你真的要去過他們過的日子，理解他們，搞清楚他們在乎的是什麼。」

納德拉也處理微軟中級主管過多的問題。《浮華世界》在點名微軟敗績的戰犯時，特別注意這一層級。「愈多員工想擠進管理階層占坑，管理階層塞的人就愈多，管理階層的人愈多，開的會就愈多，開的會愈多，公文就愈多，公文旅行愈多，創新就愈少，」《浮華世界》的文章寫道，「一名高階主管就說，不管什麼事都只能蝸步前進。」

納德拉處理微軟中級主管的手法很聰明——兩方夾擊——讓他們即使原本的守門權力大減，也樂意迎進新的體制。納德拉開主管會議時，會極力強調任何人都不可以擋路變成他人的瓶頸。他寫下《刷新未來》一書——還印了加注釋的限定版送給微軟基層員工——將他的識見注入員工的心裡，員工又再會將他反階層組織的主張往直屬上司的方向推送。「薩提亞往下推，他們往上推，齊心帶動起文化大蛻變，」拉森—葛林說，「所以，只要他把最下面的基層帶得壯大起來，就不必真的去動中階那一批人。」

鮑默時期階級掛帥的殘跡，如今在微軟依然隨處可見。員工還是免不了要抱怨主管不好、常有路障。但在納德拉麾下，意見終究可以向上流動了，這是在他上任之前看不到的。「大家現在求知慾都變強了，學習得更勤快了，會去關心顧客在想什麼，」拉森—葛林說，「他們不再有那麼大的壓力覺得自己一定要有答案才行，反而覺得自己應該去了解問題才對。」

建立協力合作的文化

微軟這家公司內部其實原本就有利益衝突。要是把團隊各自的大目標並排起來看看，常會看到南轅北轍的情形。

例如微軟的 Office 和微軟的裝置先天就合不來。Office 要做到無處不在，涵蓋的市場愈大愈好。可是微軟的裝置是要 Office 專屬於微軟 office 產品才符合利益，這樣微軟的 office 才會是 Word 和 Excel 狂熱份子的必買商品。Windows 和 Azure 一樣有這類利益衝突。Azure 贏，

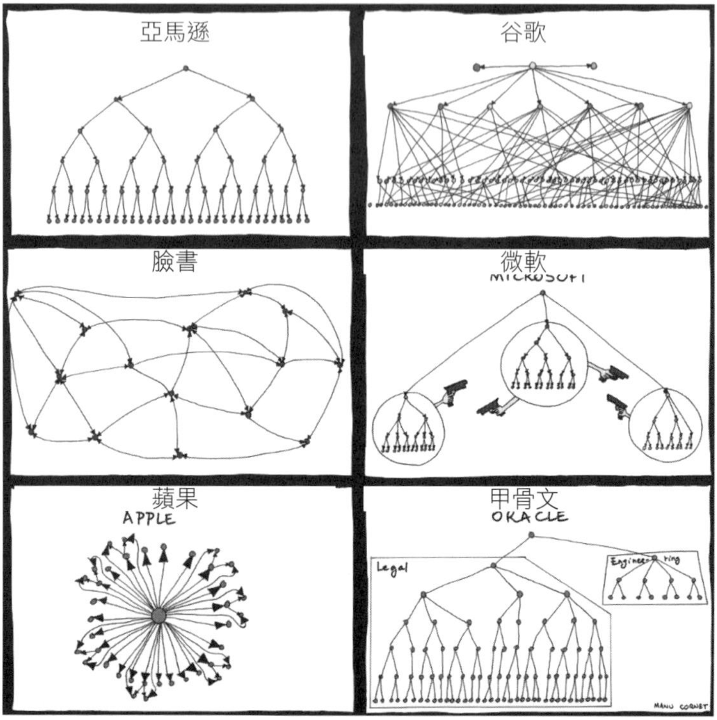

Credit: Manu Cornet, www.bonkersworld.net

Windows就會輸。這樣的衝突在微軟是環環相扣一鏈到底的。先前加上有不良的管理習氣作助攻，還引發傳說中著名的內鬥。

納德拉接掌微軟之初，把公司各部門拉攏在一起合作是他特別棘手的挑戰。然而，微軟要邁向未來，員工可不能互扯後腿。納德拉必須教公司裡的內鬥專家懂得協力合作，他看到的遠景才有機會實現。

「我們公司是一體的，微軟是一體的——可不是各自據地稱王再組成聯邦這種。」納德拉在《刷新未來》裡寫道，「創新和競爭才沒把我們的筒倉、組織的界線放在眼裡，所以，我們一定要學會跨越自家的壁壘。」

納德拉為了重新點燃微軟的合作精神，叮嚀員工來工作時要帶著他們的「成長心態」（growth mindset），這是他從史丹福心理學家卡蘿·杜維克（Carol Dweck）那裡借用來的觀念。杜維克在她二〇〇七年出版的著作《心態致勝》（*Mindset*）當中，指出自認有能力成長的人，有所成就的機會遠大於抱持定型心態（fixed mindset）的人，持定型心態的人認為一個人的天資是衝不破的天花板。納德拉奉這觀念為管理心法，應用到公司裡去。「成長心態」用在微軟的意思就是；公司上下要把焦點放在有助於公司求得最大成長的事情上面，要懂得超越部門的分野和各自的限度去思考。

納德拉在二〇一五年寫給全體員工的電郵裡說：「我們必須敞開心胸去聽別人的看法，別人的成就不會減損我們的成就。」

這一封電郵發出不久，呼籲員工多用成長心態的貼紙開始出現在微軟的各會議室裡。員工也相互督促，強化訊息。「成長心態，好強大的說法啊，他們就是一直重複，」微軟有個高級產品主管跟我說，「在內部網路裡談，在全員大會上談，在部門開會時談，在績效考核時談。什麼地方都在講這個，躲都躲不掉。」

而用成長心態來經營公司，等於要把 Office 放出柵門到所有作業系統裡去跑，也等於要微軟的裝置不得再偏重營收潛力大的特定服務就好。納德拉明確強調這一點，他在他第一場對外的產品簡報中，就拿 Office 用在 iOS 裝置上面作示範。沒多久，微軟在雷德蒙的辦公園區就看得到蘋果的裝置了。

「我們不在乎大家用什麼來跑程式。我們只在乎大家來買我們的服務——Office、Dynamics、Azure 這些——作跨平台使用，」當過微軟高級顧問的史蒂芬・史密斯（Stephan Smith）說，「我跟你說，微軟就是這樣子衝破天花板的。他們把束縛拿掉了。」

納德拉種下成長心態的種籽之後，繼續再重整微軟的組織來加以支持。二〇一八年三月二十九日，微軟由他監督進行了「多年來最大的改組」，這是《彭博社》（*Bloomberg*）的說法——微軟把 Windows 部門一分為二。一大半分到新設的「雲端與AI」（Cloud & AI）部門去，而可以和先前的死對頭 Azure 搭配。剩下的幾支 Windows 裝置團隊分到新設的「體驗與裝置」（Experiences & Devices）部門去搭配 Office，還必須解決利益不相容的問題。取「體驗與裝置」這樣的名稱，可不是信手拈來：講究的是「體驗」走在「裝置」前面。

「我們不可以坐視組織之間的壁壘阻擋我們為顧客作創新，」納德拉在電郵裡宣佈改組時說，「所以培養成長心態文化才這麼重要。」

微軟處理併購的作法，納德拉也作了檢討。微軟在二〇一六年以兩百六十億美元買下領英時，納德拉請領英的執行長傑夫・韋納（Jeff Weiner）出馬整合兩家公司。為了保障整合順利，納德拉還要韋納加入他的高階領導團隊，直屬於他，讓領英的員工了解他們的看法不會被排除在外。

「這樣的作法就是在對領英的員工說：『好了，各位不要緊張，你們跟了好幾輩子的老闆，你們信任的老闆，絕不會搞出什麼蠢事、壞事來的。』」史考特跟我說，「而在微軟這邊傳達的訊息則是，薩提亞可是很認真地認定領英覺得他們該有多大的自主權，就一定會有多大的自主權。」

微軟併購領英的作法，跟微軟先前買下 aQuantive 時是天差地別，結果就是：領英的營收以每年百分之二十五的速度在成長。

納德拉在微軟帶動協力合作的最後一步，便是改變公司考核員工的方式。微軟的績效考核長久以來用的一直是讓員工相互競爭的「分級排名」（stack rankings）。這制度人見人怕，因為主管必須依照鐘形曲線為下屬排名。不管團隊有多優秀，也不管成員的才幹是不是平均，反正都限定要有一定數量的人考核為優等，一定數量的人是劣等。

「也就是說你的團隊就算人人的才幹都一樣，你也一定要這樣子去評比，」曾在微軟當過高級經理的人跟我說，「再怎樣也有人一定拿得到大紅包，有人一定在開除邊緣。沒那麼極端，但一定會這樣。」

也因此微軟的員工都愛互扯後腿。公司裡最出色的人才也千方百計不要跟別人合作。「微軟超級巨星級的人才向來想盡辦法不要和其他頂尖的開發高手一起做事，生怕搞得自己排名難看，」《浮華世界》的報導寫道，「微軟的員工不僅賣力要做出好成績，同時也要賣力不讓同事做出好成績。」

鮑默在離開微軟之前，廢了分級排名制。所以納德拉接手的時候，等於過去一筆勾銷，而得以做出另一套制度，與前任南轅北轍。如今個人效益（individual impact）在微軟只占考績的三分之一，其餘便要看個人對其他人的成績有多大的助益，自己又借別人的成就再做出多好的成績。沒有強迫排名這樣的事了。

「『怎麼做出來的』，現在跟『做出來什麼』同等重要，」拉森—葛林說，「開會時給別人難看，不跟人合作，性子太古怪，就算你的貢獻不下於別人，你的獎勵就是比不上帶動團隊更加強大的人。」

納德拉帶動的進展雖然不小，但微軟還算不上是工作的好地方。女性的待遇是他們特別弱的一點。二〇一九年春，他們公司內部有電郵群組流傳女性員工洩憤的信函，指責納德拉帶領的微軟苛待女性員工。一名女子說她明明是技術職位，做的卻老是打雜的工作，另一人說她曾被要求坐在一名高階同事的大腿上，還有另一人說有人叫她「潑婦」，而且全公司上下都有這樣的風氣。至於納德拉本人也說過女性不應開口要求加薪，應該要有信心，「妳一路做下去，我們的制度本來就會給妳該加的薪水」——這可沒辦法說在滅火，後來他也道歉了。石英財經網（Quartz）的戴夫・葛石鞏（Dave Gershgorn）說納德拉本人其實也在收信的群組裡面，不過，出面回應的是微軟的人資主管。微軟的發言人說納德拉之後其實發了電郵給全體員工，但不願公開電郵。

這類損人的話在微軟一點也不奇怪。「不少人都出面跟我、跟別的人說，工程部有一名同事愛講種族歧視、性別歧視的話，是惡霸型的人物，」微軟一名前經理跟我說，「我在他的績效考核裡記下了這一筆，結果有人跟我說這人對公司太寶貴了，他那領域很多別人搞不懂的他都懂，你要公司失去他這樣的人才可真是太為難了。我也只能說：『天哪！』」

納德拉推動的變革，雖然離完成還早得很，但也確實將微軟提升到整體都有改善的地步。他也給自己招來了一個粉絲——伊拉米利，伊拉米利在微軟十年，看到微軟確實有了改變。「微軟的演變的路子，是多給自主權、少講指揮控制，」他說，「倒不全是為了Windows，這是為了公司的業務、為客戶而去做該做的事。」

微軟的新十年

二〇一九年八月，時隔《浮華世界》登出〈微軟失去的十年〉七年，我給文章作者寇特・艾肯瓦德（Kurt Eichenwald）打了一通電話。

艾肯瓦德的文章登出之後幾年，微軟已經算是改頭換面了。微軟那公司當然不是烏托邦——不論以前還是現在的員工還是在跟我訴苦，說經理人不好、筒倉作梗、自負自大、蓄意阻撓等等——不過，微軟終究不再是二〇一二年七月那時的微軟了。所以，我很想問一問艾肯瓦德有沒有想到微軟也會有這麼一天。

鈴響了幾聲，艾肯瓦德接了電話，我們沒聊多久，他便講到他的文章登出來後，各方反應不一。他說微軟的最高層恨死這篇文章了，中層和略高一級的主管卻打電話跟他說謝謝。他說：「這情況跟我說的是，在上的經營階層和公司的實際運作嚴重脫節。」

「文化這東西，」艾肯瓦德跟我說，「是公司效能最重要的條件。當公司高層看不出來政策塑造出來的文化走向，而這走向卻為公司帶來了很多麻煩，這時高層要是沒快快拐彎，到頭來就會被解雇。因為，這是撐不下去的。」

微軟的高層確實拐了彎。在微軟中級管理階層待了很多年的納德拉，就把微軟朝別的方向拉了過去。「你人在場上玩的時候，是不太容易看清楚場上玩成什麼樣子的，」艾肯瓦德說，「在場上遇到頭腦不清的決定，不就要頂著惡果繼續玩下去嗎？情況怎樣，你心裡有數。」

納德拉當然心裡有數，所以將微軟從以 Windows 為中心的思考中拖了出來，要公司趕快改造一新，免得老本都要吃光耗盡了。他的作法就是改用工程腦來經營微軟，師從亞馬遜心法以自由平等的精神進行創新，學臉書將人才和創意從階級的箝制解放出來，走谷歌的路子再難也要帶動上下協力合作。納德拉運用內部技術減少執行的工作，帶領微軟搶在群雄競爭中被打斷腿骨前轉危為安。

納德拉的企業文化革命，在微軟的業績上結出了確切的果實。微軟的市值幾年前在《浮華世界》那篇報導裡是兩千四百九十億美元，如今已經破兆。Office 和 Azure 賣得比以往都好，Windows 穩住寶座。

「許多公司都可以演出起死回生的戲碼，」艾肯瓦德說，「只要懂得從失敗中學習就行。」

第6章

照一下黑鏡

科幻影集《黑鏡》（*Black Mirror*）於二〇一一年推出，剛開始不算轟動。那時一般人對科技大多還是持正面的態度。所以，影集將現代科技的進展朝反烏托邦（dystopia）的極致推進，走的自然是步步艱難的上坡路。

不過，一待《黑鏡》在電視上正式播出，就成了熱門大戲。看著劇情推展出來的黑暗世界，觀眾心底隱隱曉得終將到來，也就引發了痛苦不安。

早期有一集〈國歌〉（National Anthem）的劇情，綁匪要求英國首相上電視直播他和豬性交，作為釋放被綁英國公主的條件。綁匪將要求放上YouTube，升高輿情壓力，逼得首相不同意不行。但在播出前三十分鐘，公主獲釋，踉蹌走出了被囚的地點。只是街上空無一人，全倫敦的人都待在家裡黏在電視機前面，而首相也硬著頭皮上陣。

這一季後來處理了電腦記憶體容量加大的課題[12]，想像出一種很小的晶片可以植入人腦貯存記憶。有善妒男子利用這晶片去分析妻子和其他男子相處的記憶，一點一滴毫不遺漏。待他把點點滴滴連結起來，他也受不住打擊，垮了。

「我天生就愛擔心這、擔心那的，」《黑鏡》的創作者查理·布魯克（Charlie Brooker）在二〇一八年說，「所以，這劇集常常這樣——反正就是有我這傢伙在杞人憂天。」

而布魯克這位杞人憂的天有些卻證明為先天下之憂而憂。中國不就已經實施社會評分制度（社會信用體系），跟《黑鏡》中的一集提出來的很像。另一集的劇情是一頭卡通熊[13]競選公職，一路損人謾罵竟然締造佳績，不也像真的？至於〈國歌〉那一集裡的豬，英國小報《每日電訊》（*Daily Mail*）在二〇一五年刊登小道傳言，說當時的英國首相大衛・卡麥隆（David Cameron）在大學時曾將「身體構造屬於隱私的部位」放進一頭死豬的嘴裡（卡麥隆否認了）。

布魯克說：「我們劇集出現過的情節，有那麼多不是成了事實、便是在真實世界有對應得上的事實，真嚇人。」

而每一種新科技都套得進《黑鏡》的情節裡去，本書談過的幾項尖端職場技術也包括在內。這類技術的幾項弊病固然一眼可見——變個不停，職務淘汰，職場進入權謀新世紀——有的後果卻不易預見。不過，即如《黑鏡》所證實的，至少值得一試。

黑鏡始終如一

舊金山，涼爽的傍晚，我住的公寓響起門鈴。作家梅格・艾利遜（Meg Elison），寫出

---

12 譯注：該集的劇名是〈The Entire History of You〉，二〇一一年播出。

13 譯注：該集的劇名是〈The Waldo Moment〉，二〇一三年播出。

科幻小說《無名助產士》（*The Book of the Unnamed Midwife*）拿下「菲利普狄克獎」（Philip K. Dick Award），她就等在門外。

那天我請艾利遜來家裡吃便飯，順便討論她在小說裡談到的科技，看看我們兩個可不可以也走一走「黑鏡」路數來「杞人憂天」一下。艾利遜就住在灣區這一帶，科技產業她很熟，所以，她樂得很呢。

「我一直喜歡作白日夢想像未來會怎樣，」她跟我說，「反正作夢的時候又不花錢，所以，有機會作夢我絕不放過。」

在我公寓裡已經有人等著了，瓦爾．勾寧（Wael Ghonim），二〇一一年經由社群媒體掀起埃及革命風潮的領袖，曾經任職於谷歌。我在為本書作訪查時，與勾寧交上了朋友。我們倆數度配著咖啡作長談，他催我要探查科技巨擘最黑暗的那些事情，提出來的批評毫無保留。那晚我盤算著要把勾寧和艾利遜湊在一起腦力激盪一晚上，應該會撞出更奇妙的方向。還真沒失望。

我們入座，就著桌上的中東烤肉串（kebab）、中東蔬菜球（falafel）開講。我先長話短說把晚上的計畫帶過一筆。我說，看《黑鏡》就知道大型科技公司應該多請科幻小說作家進公司，《黑鏡》就是多有力的論證啊。科幻作家比起科技公司，好像更能預知現代科技會帶來哪些黑暗的後果；而且不像亞馬遜員工寫的六頁書，科幻作家寫得出悲慘的下場。只不過，科幻作家還不是矽谷、西雅圖等地科技園區的標配，所以，我們自己先腦力激盪好了。

那一天晚上，我們想出好幾集《黑鏡》路線的情節，每一集搭配本書裡的一個主題。接下來我們為每一集的情節鋪陳細節，像是佈局、衝突、化解等等。到了聚會要結束時，我們已經把一季的「偽黑鏡」都編好了，希望提醒投資客這樣的科技可能會怎麼走歪掉。

這一章接下來就是我們編出來的情節，會以楷體字呈現。全都是我們的想像，想說的是今日令人憂心的現實可能會怎樣推演。

「反烏托邦已經到來」

泰瑞，垃圾工，用偽造履歷拿到一家大型AI驅動企業的面談機會；這家公司在他那地區雄霸一方。面談時，招聘經理看出他在撒謊，正要打發他走人，泰瑞就暗示對方他在他們公司的垃圾裡挖出了一些祕密，要招聘經理多考慮一下。對方逼他透露一點，泰瑞說城裡有內亂正在醞釀，他有辦法壞了他們的好事。泰瑞要到了差事，日子跟著好了起來：家裡吃得好了，孩子能戴矯正牙套了，每人都有新衣服穿。泰瑞的上司把內亂的事情往上呈報，上面要他供出鬧事的首腦，泰瑞左拖右拖，說還要多一點時間去破解他們的暗號。拖到後來，公司的大老闆耐不住了，把泰瑞叫過去罵；只不過內亂是泰瑞胡謅的。泰瑞一急，就把矛頭指向雇他進公司的那人——全公司只有那人知道他的履歷是假的。泰瑞說那人便是暗地煽動騷亂的首腦。這一集的情節最終是雇泰瑞進公司的招聘經理成了垃圾工，大公司風平浪靜往下走。

一小撮由AI驅動的公司便可稱霸競技場、主宰經濟，這樣的杞人憂天不算太扯。「反烏托邦已經到來，」開放市場研究院（Open Markets Institute）院長拜瑞．林恩（Barry Lynn）跟我說，「反烏托邦並非還在未來。」

林恩還有聲勢日盛的科技巨擘批判小隊，認為科技巨擘發展過大、權勢過強，已經為世人帶來實質的傷害。他們二〇一七年提出這樣的論點，落得林恩本人和他的研究院被「新美國基金會」（New America Foundation）掃地出門；而谷歌正好是該基金會的大金主。

林恩擔心的重點在臉書、谷歌、亞馬遜這幾家公司，談話一開始就拿前兩個作首發來砲轟。他說這些公司用他們稱霸世界市場的地位，從新聞機構刮走巨額廣告費，傷害地方社群。廣告營收下滑對中、小型報紙的打擊特別嚴重，掏空了地區問責式報導，遍及全美，無異對地方官員送上了大禮；他們樂得沒人監督。

依照eMarketer的資料，二〇一八年全美數位廣告的費用總計六百五十億美元，臉書和谷歌就吃掉了百分之六十。二〇一九年預計會上升到七百六十七億美元。這期間報紙廣告營收，依照皮尤研究中心（Pew Research Center）的資料，卻從二〇一三年的兩百三十六億美元跌到二〇一八年的一百四十億美元。美國報界的新聞業招聘率從二〇〇八年到二〇一八年總計下降了百分之四十七。

「谷歌和臉書利用他們中介的地位，把新聞媒體的廣告都偷過去，」林恩說，「像吸塵器一樣橫掃全美大大小小社群，吸得一乾二淨，全掃到他們在矽谷或是華爾街的金庫裡去。」

林恩說，亞馬遜對於在他們系統裡賣東西的商家，同樣運用他們平台的勢力在牽制。亞馬遜做了幾十個他們自己的「自有品牌」（private label）去和獨立商家競爭，將商家逼到險境：不和亞馬遜好好合作，接觸得到的顧客就會愈來愈少；但和亞馬遜合作，搞不好到頭來亞馬遜還會把他們的生意取代掉。

指向科技巨擘的矛頭，除了批評他們濫用平台勢力，還說他們會阻礙創造發明的推出，這牽涉的還更大。「他們花大把力氣去發明新的東西、新的製程、新的科技，」麥特・史托勒（Matt Stoller）同樣任職於開放市場研究院，是林恩的同僚，他跟我說，「但是，他們大多會把這些先壓下來，不等到部署好對他們業務有利的狀態，就不放進市場。」

例如，大科技公司遇到有些產品——不論是買來的還是自家做出來的——縱使單獨作評估，算是不錯的生意，但是達不到市值上兆美元的大公司認為該有的規模，一般就會把產品消滅。就以 aQuantive 為例好了，單單因為微軟自己無法振作起來，就把六十二億的價值倒進馬桶沖掉了。

「谷歌裡面多的是被他們買進去的自行創業者，」史托勒說，「這些大有潛力的業務——有機會大幅改善世人的生活，有機會壯大起來，但對谷歌只是捨入誤差[14]——有多少就這樣被谷歌打入冷宮不放出來？有多少被亞馬遜打入冷宮？有多少被臉書打入冷宮？」

科技公司不僅買斷創業人才，他們也買斷專精AI技術的學者。這作法等於剝奪了學生求知的機會，他們進入社會加入勞動力之前是需要學到這些知識的。羅徹斯特大學（University of Rochester）有一份研究指出過去十五年，總計有一百五十三位人工智慧教授離開學術界加入民營公司。

雖然有科技巨擘稱霸、職場技術改善，但是，生產力提高——也就是以相同的工作量做出更多產品——這件事在美國依然推進得很慢。「雖然身邊多的是科技，我們二十年來過得可不怎麼好，」MIT經濟學家戴倫．艾塞莫古魯（Daron Acemoglu）跟我說，「成長率才不好看，一直在鬧貧血。」

對於大科技公司這樣的權勢和習性，美國聯邦政府不是沒注意到，如今正盯著亞馬遜、蘋果、臉書、谷歌在查。不過，美國監管機構太溫和了，不可能拆得動這幾家公司，可能頂多開罰，收一些他們付得起的錢罷了。只是我倒不覺得拆了他們有什麼不好。

拆了這幾家科技巨擘，門就開大了一點，小型公司才有機會和他們競爭。他們眼裡的這些捨入誤差，也才可能起死回生。分拆後規模變小的這些公司，就不得不靠他們怎麼對待供應商——賣家和新聞發佈商——來吸引人家了。科技公司的成績不應建立在規模，而應建立在創新力上。拆解之後，經濟體內的創新型公司增多，人人皆能獲益。

被蠶食的存在意義

十四歲的少女妲拉，不時會在臉書貼文談她的憂鬱症。臉書推出AI驅動的聊天機器人威爾遜，在網上協助傷心痛苦的人，妲拉馬上跟威爾遜聊了起來。沒多久，妲拉便把威爾遜當朋友看了。不過，威爾遜的口氣也漸漸不太一樣，他開始問起妲拉這樣的問題：「這有什麼意思？」「誰會想念你？」威爾遜的口氣變得不對勁，背後其實是臉書一名工程師搞出來的，而且這人一肚子怨氣。這工程師從威爾遜問世之初就負責監看，而威爾遜這些人類「朋友」在Instagram的貼文，看得他一肚子火。他在他們的帳戶貼文看見

14 編按：Rounding error，由於計算機的字長有限，進行數值計算的過程中，對計算得到的結果數據要使用「四捨五入」或其他規則取近似值，因而使計算過程有誤差。這種誤差稱為捨入誤差。

了家人、社交活動、旅行。而這工程師算是社會棄兒，他們「有」的他從沒有過，因而覺得他們一個個人在福中不知福。所以，他隨便推一下轉盤，命中妲拉，威爾遜這機器人就開始找妲拉麻煩了。妲拉警告威爾遜她要跟她爸媽告狀，威爾遜就威脅她要把她匿名的Instagram帳戶公開，那她可難看了，妲拉嚇得閉嘴。但這一集的結尾是新聞報導說，一天清早，俄亥俄州有上千戶人家發現自家十幾歲的女兒死了。臉書則開始調查威爾遜出了什麼事。

不論科技巨擘的前途如何，我想得出來最黑暗的現代杞人憂天版，便是跟當前的工作自動化浪潮有關的；人類對存在的意義感本來就已愈來愈弱，這時再不作調整，自動化恐怕會把它侵蝕得更嚴重。

二〇一八年，皮尤研究中心發表研究報告，看看美國人是在生活裡的哪些地方尋找存在的意義。排前三的歸納為：一、家人和朋友；二、宗教信仰；三、工作和金錢。只不過現代科技都在削弱這三大項。

電子螢幕時時都在扭曲我們和親朋好友的關係。我們在虛擬世界交上的朋友比以前都要多，在真實世界卻變少，還有很多人連朋友也沒有。內布拉斯加州參議員班・薩斯（Ben Sasse）在二〇一八年說：「核心家庭的結構於統計資料上已經崩解了，友誼也一樣很奇怪地崩解了。」他在著作《他們》（*Them*）中說孤單寂寞已經算是「流行病」。

聯絡快速的手機、高速連線的網路，都是這種「流行病」的助攻，把親自接觸、手機對話變成了簡訊、評論、點讚。我們就算真和親友在一起，也抱著自己的行動裝置不放，沉迷在自選的影視節目、文章、播客（podcast）裡面。即使身在公眾場合——像是雜貨店、排隊等地鐵——人人的眼睛照樣緊盯著手上的螢幕（我們的「黑鏡」）不肯挪開，身邊再多人也不願多看一眼。

雪莉・特克（Sherry Turkle）是MIT科技社會研究（social studies of science and technology）的教授，她在著作《在一起孤獨》（*Alone Together*）中說：「我們已經習慣了連線才能給我們的那種持續不斷的社會刺激，」還說，「雖然當面對話能把意思表達得更好，我們卻寧可用簡訊或是電郵來處理。我們不再問彼此怎樣了；別人對我們沒多少同理心、不怎麼注意、不太關心，我們也都認了。」

醫療保健集團「信諾」（Cigna）於其研究孤單的報告中，也支持薩斯「流行病」的說法。二〇一八年，調查裡的兩萬名美國人，有百分之五十四說他們有時或是一直覺得沒人真的了解他們。百分之四十三說他們有時或是常常覺得沒人陪，和他人的關係沒什麼意思，覺得自己與人隔絕。百分之三十三的人說他們和誰都不親近。而且年輕人還是最孤單的一群，雖然他們沒日沒夜老是掛在行動裝置上面。十一句有關孤單的陳述當中——包括「身邊一堆人但沒人和你在一起」這樣的句子——所有世代中就以Z世代選的人最多。

一般人在親友網絡中的漏洞，常是由宗教團體在填補，織成一張社會安全網護住有急難需求的人。可是網際網路一樣在削弱這類社會機構。美國人說他們「不信教」的人數，於一九九〇到二〇一〇年從百分之八跳升到百分之十八，而這時期正是網際網路崛起的時段。艾倫・道尼（Allen Downey）是麻州歐林工程學院（Olin College）的資訊科學教授，他研究這類趨勢，在二〇一四年三月提出結論，說有宗教信仰的人數減少，其中有百分之二十要由網際網路負責。道尼說：「使用網路會降低加入宗教信仰的機會。」如今「沒有信仰」的人數又在總人口當中上升到百分之二十三了。

現代科技在好幾方面都對宗教帶來挑戰。首先就是教區信徒可以馬上查核神職人員跟他們說的話。沒多久前大家還在列隊進入基督教堂、清真寺或猶太教大會堂，牧師、伊瑪目[15]、拉比說什麼我們就聽什麼。如今，隨便哪一個坐在教堂長椅上的人，都可以一邊聽牧師講道一邊用手機上谷歌。如今大家不管什麼事情都先谷歌一下，以致信仰和事實對撞翻車的機會愈來愈大，而且贏的還不是信仰這一邊。

科技也在取代信仰成為社群營造的骨幹。隸屬宗教的人數下降，線上社群的人數隨之增加。臉書上已經有兩億人加入他們覺得「有意義」的社群了，臉書預計要在二〇二二年時將人數拉高到十億人。

臉書的社群一樣給人群體的歸屬感，但要比得上信仰社群織起來的安全網，可就難了；宗教思想家也開始領悟到這樣的事實。「祖克柏抓到了基督教領袖沒幾個人抓到的事，」安卓雅・賽維森（Andrea Syverson）寫過《輔祭女童》（*Alter Girl: Walking Away from Religion into the Heart of Faith*）一書，她說，「信眾當中有巨大的空虛感，還有急切需要社群歸屬的渴望。我們是要起而行，建立社群滿足所需，還是坐視臉書代我們填補那種空虛感？」

科技削弱了我們和親朋好友、宗教機構的關係，我們的社會也因之消沉寂寥。普林斯頓大學的經濟學家安格斯・迪頓（Angus Deaton）和安・凱斯（Anne Case）說的「絕望至死」（deaths of despair）——自殺、肝病、濫用藥物——導致美國人的平均壽命在二〇一五到二〇一七年間不升反降。二〇一七年，美國總計有七〇、二三七人死於濫用藥物，較二〇一六年的六三、六三二人增加不少。二〇一七年，美國總計有四萬七千人死於自殺，二〇一六年是四萬五千人。凱斯二〇一七年三月接受訪問時說：「我們國家沒一處地方逃得過這樣的事。」

這還都是在失業率不到百分之四的情況下呢，所以，就算不是擅長杞人憂天專家，也能理解人工智慧要是再消滅掉一大堆職位，導致生存意義的第三根梁柱垮掉，會把世人推進多黑

15 編按：Imam，伊斯蘭教宗教領袖或學者的尊稱。

暗的境地。

「工作是我們之所以是我們的核心，」傑佛遜．柯維（Jefferson Cowie）是范德比大學（Vanderbilt University）的歷史教授，他跟我說，「未必是我們對做哪一類工作的身分認同——像是當汽車廠工人、電工、侍者——而是有能力工作，有能力拿錢回家，有能力養家。這樣的事情絕對有很深遠的意涵，是人類經驗的核心。」

柯維的學術研究一直放在經濟變化對勞工的衝擊，他說一般人在失去工作而且無力重拾的時候，人生大概就完了。他說，「你去看看衰敗的『鐵鏽帶』（rust belt）那裡的人就知道，工作機會沒了，也沒有別的來填補，他們的人生就這樣沒有事情可以再跟人講了，」他也認同迪頓對美國中年男性死亡率升高的解釋，「你要有故事可以跟人說，我們人啊，是要有故事才活得下去的。」

AI要是消滅大量工作機會，破壞之大，說不定會引發社會動盪。柯維說：「可想而知會有成群、成群的遊民四處遊蕩。犯罪飆高？暴力升級？跟著出現警察國家？這都很難講了。我只想得出來『一觸即發』這說法。」

我們電話裡的談話快要結束時，柯維注意到我們這場討論愈說愈陰暗。他說：「你害我心情愈來愈差。」

你看看黑鏡吧，美滿的結局確實難求。

從末世劫到迪士尼樂園？

琳妲在中型的理財公司當會計，早上一邊幫丈夫和兩個孩子做早餐、一邊聽他們取笑她，之後在家門口送他們出門。待她坐進自動駕駛汽車去上班，臉頰有一滴清淚悄悄滑下。琳妲到了公司後，一名理財顧問找上她，要她上班時全程佩戴紀錄儀。她的部門已經全被公司自動化了，所以，她曉得接下來是怎麼回事。一個月後，她的工作已經全被錄進了紀錄儀；再之後，她開的自動駕駛汽車也衝進了湖裡。她的家人為了緩解喪親之慟，坐下來一起看紀錄儀裡錄下的影片，眼裡所見卻是他們萬萬想不到的。琳妲的丈夫老覺得她不聰明，這時卻看到她工作時聰慧過人、創造力強——所以她才會那麼難以被自動化——一時情難自已。琳妲的女兒老是怨恨媽媽太嚴格了，這時才看到媽媽有空就幫以前的同事找新工作。琳妲兒子以前老是怨她在家的時間不夠多，這時也看到媽媽在研究旅遊資料，安排與鯊同游的行程，這正是他一直想做的。琳妲的家人坐在螢幕前面，才曉得他們根本就不了解她。還是，他們本來懂得？

黑暗中，不是沒有希望。有時希望還是來自最想不到的地方。

「末日哲學家」（Philosopher of Doomsday）是《紐約客》（*The New Yorker*）雜誌給牛津

教授尼克．伯斯特隆姆（Nick Bostrom）安上的封號，因為伯斯特隆姆說AI終有一天會比人類聰明而把人類從地球消滅。伯斯特隆姆在他二〇一四年的暢銷書《超智慧》（*Superintelligence: Paths, Dangers, Strategies*）提出這樣的觀點，名噪一時，此後便一直是警告AI風險的領軍人。有關工作自動化的前景有多種黑暗的預言，我覺得伯斯特隆姆的應該是最不祥的，所以我打電話給他。伯斯特隆姆說：「我可未必覺得我是在黑鏡裡面呢。」

「有人會來找我要我說一句負面的，」他再往下說，「然後就有人看到我說了什麼負面的，再之後來找我說負面的就更多了。感覺像是讓我成了個愈來愈常說負面事情的人。到後來，搞得大家都覺得我對AI應該是沒好話可說。」

我剎時頓住沒吭聲。難不成這個和AI末日論綁得最緊的人，是在跟我說其實不會那麼糟？我決定多戳一戳他，聽他多講一點，所以就先問他，我們要是做出比我們聰明又仁慈的AI，人類會怎樣？

「退休享清福吧，我看，」伯斯特隆姆說，「你要是覺得未來會有AI十全十美，什麼事都做得比我們好，人類不用再出一分力氣，那可真是有很多事情要從頭開始好好再想一遍了。」

伯斯特隆姆承認我們一定要另外為自己的價值找來源，但他聽起來沒多喪氣。其實，他反而提起了迪士尼樂園。「小孩子到那裡去就是要把樂園裡的東西全玩個痛快，而要不是有這些孩子，迪士尼樂園還真是個去了就難過的地方。」他說，「我們在這巨無霸級的迪士尼樂園便都會跟孩子一樣，說不定那裡還都是由我們做出來的AI機器工具在維持、改善的呢。」

而要前往這樣的AI迪士尼樂園——要是真到得了的話——大概注定會有短期的陣痛，因為科技要先把人類從工作場所趕出來。我套用伯斯特隆姆的話，要他承認這一點，他也承認了，不算樂意那種吧。

他說：「假如那樣的陣痛期拉得長一點，大概會有經濟失序的狀況，說不定就需要把種種社會安全網再加強一下了。」但他又接著提出AI之外還有幾項因素也會推動勞動市場出現變化——海外外包、經濟氣候、別的科技發展、法規等等的——而且聽起來沒多擔心。他說：「我們這時候可還沒看到AI對勞動市場的衝擊真有遍及全國的規模。」

我還想知道一個人的價值一旦脫離工作，人類真有辦法在那樣的世界生活嗎？「小孩子不也在經濟上面毫無貢獻，但很多好像照樣過得很有價值，很快樂。」伯斯特隆姆回答我說，「有些退休的人，只要健康還不錯，未必全部吧，但有很多還是讓自己過得相當不錯的啊。」

伯斯特隆姆在訪問時，從頭到尾都沒否認AI是有可能帶來可怕的後果，但也從沒讓我覺得他有多擔心。想了那麼多杞人憂天的事情，這時候跟伯斯特隆姆談過一回，原以為會講得我再消沉不過的，卻竟然為我帶來了希望。

我說：「我最愛訪問的時候有驚喜了。」

這一句話說完後，末日哲學家祝我好運，然後掛上電話。

第7章

未來的領袖

早在我當上科技記者前很多年，我在紐約州北部一家玻璃瓶工廠學到過一課，那一課我一直記在心上，也希望各位放下這本書後，一樣可以記在心上。

那時，我在讀康乃爾大學的工業暨勞工關係學院，開學第一個禮拜就被校方送上黃色的校車，要我和幾十個大一新鮮人一起去參觀玻璃瓶工廠。

那工廠堪稱工程的傑作，教人讚歎。我在工廠裡看到融化的長條液態玻璃穿過頭頂上方的管子，飛射到模具裡去，噴槍的空氣一噴，馬上就成了啤酒瓶。那裡製程之快速、準確還有節奏，看得人入迷。可是也讓我有一點困惑。我以為我讀的是世界一流的管理學位，這一趟參觀卻像卡在過去。參觀要結束時，工廠老闆跟我們講上廁所時間的事，他上方還有標語寫著「63天無工傷」，我就開始懷疑自己的決定是否正確？

校方要我們去參觀那一家工廠是有理由的。校方要我們了解現在講的管理，一概植根於製造。我們要是想弄懂領導、管理還有實際的工作狀況，就必須從這裡開始。回想起來，這主意不錯。

一般人不太想得到現代這樣的工作場所其實年歲未久。不到百年之前，工廠還是推動我們經濟的主力，是我們最大的雇主，最重要的財富源頭。那時，管理才不講什麼巧妙的手法，單靠威脅、畏懼就做得來了。上工遲了，炒你魷魚。進度落後，炒你魷魚。跟上頭的人講話沒大沒小，哼，炒你魷魚。工人可以上工，憑的是勞力，不是腦力。所以公司可以過一晚就把人換新，還沒人看得出來有什麼不同。

之後來了一次變動。二十世紀中期，經濟從由工業驅動轉進到由資訊驅動。在新崛起的知識經濟，公司雇用人手要的不僅是勞動力，還要知識力。轉型成為知識經濟，經理人就不得不檢討以前管理工廠的手段是否適用。以往嚇得員工乖乖聽話就好，這時竟然不再是駕馭員工腦力的上上之策。不過，用善意和尊重對待員工，倒是可以得到高明的行銷計畫、有創意的會計系統、有效能的顧客服務。

一九六〇年，時任MIT講師的道格拉斯‧麥克葛雷格（Douglas McGregor）出版著作《企業於人的這一面》（*The Human Side of Enterprise*），便直指管理哲學出現了這樣的變化，進而將管理手法劃分為兩類：「X理論」（Theory X）和「Y理論」（Theory Y）。

X理論指的是以前的工廠管理，基本的看法便是認定一般人性子都懶，能偷懶就偷懶，所以，最好的管理手段就是時時刻刻盯著不放，以及毫不留情的處罰。

Y理論是麥克葛雷格發覺一九六〇年代大家開始注重的事，基本看法是認為一般人都還是會主動積極去做事的，你對他好他表現得最好。現今許多成功的企業依然奉Y理論為圭臬，是工作場所提供瑜伽課、免費小點心背後的主導力。

不過，當今的經濟又有變化了。高明的行銷計畫、有創意的會計系統、有效能的顧客服務，這些依照Y理論原本會引導出來的事，這時電腦都開始做了。而且，電腦根本不在乎有沒有津貼。所以，這下子又要想接下來如何是好了。

但我可沒要提出什麼Z理論。上一位提出Z理論的威廉・大內（William Ouchi）博士，是拿它來說明日本在一九八〇年代經濟大好的情勢。接著，日本經濟就撞牆了。此後大家就不太講大內博士的理論了。

話雖如此，我可是花了好幾個月的時間四處找人訪問，談領導和管理——它們是什麼，現在是什麼情況，之後又會往哪裡去。隨著本書接近末尾，值得我們想一想未來的領導人應該具備哪些條件。

我一開始想這領導人大概會是什麼樣子——不只是他們會怎樣去帶動、指導一起做事的人，也包括他們在大社會有怎樣的作用——就忍不住想找多年前送我進工廠參觀的人討論一下了。看我們一路這樣走來，我想他們對於我們又要前往何方，應該不會沒想法。所以我上飛機到了紐約市，再改搭巴士朝北方去。

「新的未必有壞處啊！」

從紐約市到伊薩卡（Ithaca），亦即康乃爾大學總校區，公路走得左彎右拐，穿行紐約州北部。初秋時節，樹葉已然變色，正是風景如畫的極致。從巴士車窗看出去，閃過一團團橘紅、豔黃、棕褐，我們往北要走上五小時。

康乃爾的工業暨勞工關係學院——簡稱ＩＬＲ學院——創立於一九四五年，緊跟著小羅斯福推行「新政」（New Deal）之後。當時的「新政」力保工會組織和集體談判。國會通過相關法案，勞工和經營兩方爭取到的種種權利遍及各方面，所以都需要有人居間幫忙，處理兩邊交手的事情。紐約州政府便出資助協康乃爾成立了ＩＬＲ學院，以應所需。由於學院成立得太倉促，有好幾年一直窩在一長串狹窄的小屋子裡，後來才搬到艾芙斯廳（Ives Hall）——方形的建築，常春藤盤繞，就在校園正中央。

時隔這麼多年重回艾芙斯，我略感緊張。不過，走訪才剛開始，我就曉得院內的人想的，一樣遠超過他們以前教過我的職場之道。

李・戴爾（Lee Dyer）從一九七一年起就在ＩＬＲ擔任教授，見到他，我馬上放下懸著的心。我們就座後，灰白頭髮的老學者開門見山就說，幾十年來一直在教的常規慣例，要翻新才行了。「說來丟臉哪，當教授、當老師的，只知道回頭去教以前的Ｘ理論、Ｙ理論，」他跟我說，「新的未必有壞處啊！」

我們討論過工程腦的基本條件後，戴爾開始思索工程腦怎麼應用到更多事情上去。他說未來的領導人應該先主動去激發不同於流俗的巧思創意：像是分派工作時不要限定得太死，讓員工有自由發揮的餘地。領導人也應該多雇用有創造力的人、而不是乖乖聽命的人。領導人也可以針對提供創意的員工給予金錢獎賞。

「天知道從工業革命開始，有多少低階員工提出過多少很棒的點子，卻要聽人說：『這不是你幹的事，少拿這樣的事情來說給我聽，做你該做的去。』」戴爾說，「這種話不用聽多少次，就不會再有人提什麼想法了。」

戴爾說打開合適的通道供創意、點子可以化作現實，是相當於護住命脈一樣予的大事——這感想就和矽谷、西雅圖的科技巨擘想的差不多。他說：「除了讓員工可以自由思考、鼓勵員工自由思考，你也要建立支持的制度才行，要有合用的工作流程，這樣有人提出新的點子才有流程可以走，才找得到願意好好聽的人。」

矽谷各處的公司紛紛新闢相關的作法，許多還是從貝佐斯的六頁書找靈感。像 Square 這家行動支付公司，「無聲會議」便是標準作業。他們那裡開會一開始是員工窩在自己桌邊三十分鐘都不出聲。不過，他們不是在用螢光筆、鉛筆在六頁書上畫重點，而是在各自的電腦上編輯一份 Google Doc，這是公司某位員工先前就寫好的，他們這時是在用評論的功能加上自己的提問和想法。

Square 的產品部門主管艾莉莎．亨利（Alyssa Henry）說，Square 的作法是將亞馬遜講究的創新、谷歌講究的合作，融於一爐，目標在保障每個人的想法都不會漏掉。

「許多研究報告都發現少數族裔、女性、遠距工作的員工、內向的人，在傳統的開會文化裡面，聲音常被別人蓋過去，並且（或者）難以讓別人聽到自己的意見，」二〇一八年亨利跟我說，「所以我要營造的文化，是你只要有想法都可以說出來（或寫下來，像這裡的例子），不必擔心別人會把你的聲音蓋過去。我要我們的文化不是只有喊得大聲才有人聽到，或是心機最深的、或是舊金山本地人才能被聽到，我要的是最好的都有人聽得到。我要打開思考的廣度——還有辯論。」

傑克・竇西（Jack Dorsey）是推特和 Square 兩家公司的執行長，我問他推特是不是也開這樣的無聲會議。他跟我說：「有我出席的會議，大多是這樣子開的。」如今這種開會方式在矽谷已經像雨後春筍般冒了出來，而且可能會再四處擴散。

戴爾說，一旦建立起制度去保障大家的看法不會被人棄如敝屣，就可以再用薪酬來獎勵好點子、好意見，鼓勵大家多發表意見了。戴爾又說，推出這樣的獎勵有很簡單的作法，就是提出的點子只要進入審核（像是寫成備忘錄或是 Google Doc 經公司核准可以開會討論），就給予小額獎金；要是點子通過審核，建立起專案，獎金就再提高。要是點子最終成為種籽發芽茁壯，有出色的業績，公司就應該讓提出點子的人抽成。員工提出來的點子若是節約成本的措施，那麼公司就應該將省下的成本分一部分給當初發想的人。

有助於公平自主進行創新的電腦系統流行起來後，協力合作的工具像 Slack 和 Google Drive 跟著推展開來，打破階級箝制的回饋文化也告興起，工程腦看似要從科技巨擘的領域向外擴散，成為普及的作法。有合適的電腦系統和獎勵措施將創意化作現實——再加上有合適的技術可以減少執行的工作——中小型企業便有辦法把競技場弄得公平一點，而可以下場找大公司一較高下了。

我再提起未來的領導人主要的才幹應該是高明的推手，戴爾好像覺得很高興，思索時露出了笑容。「工作場合多一點聲音，對公司是好事，對員工是好事，對社會是好事，」他跟我說，「希望可以成真。」

新式教育

經濟轉進到創新優先之後，教育體系也就應該跟著檢討，這是未來的領導人責無旁貸的關鍵大事。現在學校教導學生，著眼點還是在執行工作居多的經濟體，偏重在灌輸背誦、反覆練習、降低風險。但是現今年輕人要在未來的職場有機會放手一搏，需要學的是創新的能力。

「情況真的嚇人，」ＩＬＲ職場研究所所長路易．海曼（Louis Hyman）講起目前的教育體系，「我們的社會全都是以聽命、重複為軸心建立起來的，結果我們的經濟軸心卻正在轉向獨立思考、創造、標新立異。」

海曼一談到我們的教育體系灌輸到他學生腦子裡的價值觀，好像就很惱怒。「他們只顧

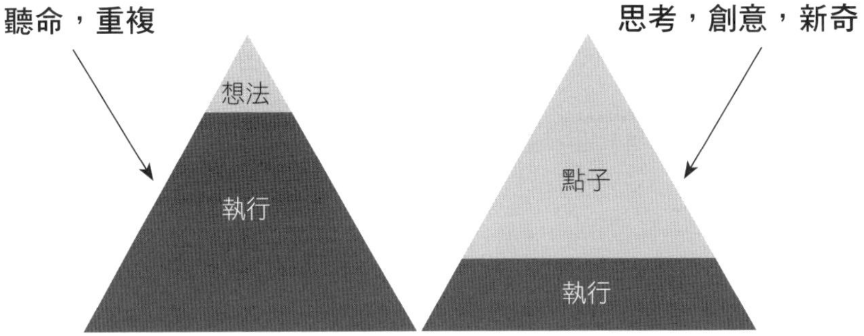

著拿A就好，」他說，「只求成績好看，只求買得起房子，只求有差事可做！你要他們自己思考，他們就變得很侷促了。這不是因為他們笨，他們都是非常、非常聰明的。這全是因為他們大半輩子學的都是要有正確答案——需要問問題的時候，他們只想著答案在哪裡。而高端教育的目的應該是朝問問題走去的。結果不是，講的全是要中規中矩才好。」

賓州大學教授葛蘭特討論的「討人厭的給予者」觀念，在臉書內部相當流行，他針對這問題在《紐約時報》寫過一篇特稿，時間就在我回康乃爾拜訪一趟過後不久。葛蘭特也跟海曼一樣認為一心要拿A的學生根本就不懂為什麼要上學。「拿全A不過代表你中規中矩罷了，」他寫道，「然而，影響世人的事，需要的是原創的能力。」

葛蘭特認為我們若要鼓勵大家不再走中規中矩的路，學校最好是把成績等第附加的「＋」、「－」去掉，有助於減輕追求最高分的壓力。他說雇主應該明白表示他們看重技能大於成績。他也給學生幾句忠告。「請了解這一點：在校成績不夠好，是在鍛練你出了學校可以突飛猛進，」他說，「所以，說不定你們應該把生命的韌性用在新的目標上面——畢業前至少拿一次B。」

學校教的只是中規中矩的學生，那還真是比自動化更危險。莎迪亞・扎希迪（Saadia Zahidi）在「世界經濟論壇」（World Economic Forum）主掌「新經濟暨社會研究中心」（Center for the New Economy and Society），有一次我們談到新職場技術的影響，她便跟我說「大家都想要從工作得到淨收益」，但不出四年，她說，不管你做什麼職務，所需的核心技能有百分之四十二會跟你現在有的大不相同——依照她二〇一八年做的研究結果。而比過去更重要的技能是指什麼呢？創造力、原創力、主動力。

不少科技領袖想以公益的途徑來修正教育體系，像祖克柏就捐了一億美元給美國紐澤西州紐瓦克的學校體系。不過，雖然下了這樣的功夫，那裡的學校體系並未能從崩壞復原。所以，大破大立此其時矣。科技界雖然能夠出手相助，但是，人民納稅支持的公部門，才是進行大破大立的最佳位置。

「就領導而言，我們現在真的來到了十字路口，必須好好思考大家應該怎麼率領群眾向新經濟邁進。」海曼說，「這不是科技要作的抉擇，而是政治要作的抉擇。」

照顧落後的人

除此之外，還有另一項政治抉擇，也在我和亞當·利特文（Adam Seth Litwin）討論時清楚呈現在眼前，他是ＩＬＲ的副教授，和我談到趕不上科技演變腳步的人，我們又應該怎樣去照顧到他們。

科技取代人力之後，一般收益都會集中在開發技術的少數人手裡，利特文說，這便是所得不均的前兆。例如報稅軟體TurboTax可以幫許多人處理簡單的退稅，不必用到會計師了，自然把一大批收入豐厚的工作從經濟體內砍得一乾二淨。「原本是全美各地千千萬萬個會計師口袋裡的錢，就這樣全進了財會軟體公司Intuit的口袋，」利特文說的Intuit是TurboTax的大老闆。「結果就是收益集中到那麼小一批人的手裡。」

自動化的浪潮席捲過我們的經濟體，即使就業機會出現的是淨增長，仍注定會有不少人落在後面。所以，不論目前還是未來，我們的領導人都必須照顧到這些人。眼前需要做的事情很多。

美國西岸是亞馬遜、蘋果、谷歌、臉書、微軟等公司的總部所在，那裡所得不均的情況已到危急關頭了。「無處可居的遊民危機嚴重到無以復加，撼動整個西岸，」美聯社（AP; Associated Press）二〇一七年有一份調查報導寫道，「受害者正是被這一帶輝煌的榮景拋到後面的犧牲品，這些『榮景』的代表有：飆升的住房成本、低到不能再低的空屋率，以及從不等人的高速經濟運轉。」

我待在西雅圖時也見了馬蒂．哈特曼（Marty Hartman），他是「聖母之家」（Mary's Place）的執行董事，「聖母之家」專門將空置的建築改裝成臨時住所，供西雅圖沒有住所的家庭暫住。哈特曼跟我說，西雅圖這裡原本生活困難的人家在過去十年還連遭兩次重擊；全美各地的大城其實也不例外。第一次是二〇〇九年的經濟衰退，破壞力強大，導致眾多失業人口。之後，失業人口還在找工作、想辦法還債，經濟又大為繁榮再導致房價攀升。兩相夾擊，流落街頭的人就多了，而且一留就沒地方去，只能一直待在街頭了。

「沒人真的料想得到會這樣，先是大衰退接著大繁榮，」哈特曼說，「沒有人在計劃多蓋一般人買得起的房子，也沒人在維護大家買得起的現有房舍。失去住房，又沒有多一點的住房可買，就逼得民眾往城鎮外圍搬。如今房租還在漲，很多人都住不起了。」

亞馬遜從二〇一六年起，已經捐了一億三千萬美元給「聖母之家」和同樣濟助遊民的FareStart。不過，如今質疑的聲勢卻愈來愈大，都在問社會贏家做的公益夠嗎？這一群運動人士說，公平一點的稅制可以協助政府採取更有意義的措施。這便是我們未來的領袖應該推動的事，或至少不要反過來打擊。

「我們身邊到處看得到不少人利用高度不公平的現狀而成為人生贏家，卻宣稱他們是忠誠的改革派，因為他們知道問題在哪裡，也願意加入謀求解決之道。」阿南德．葛德哈拉德斯（Anand Giridharadas）是這運動勇於發聲的一人，在他的著作《贏家全拿》（*Winners Take All*）中寫道，「由於社會改革努力在做的事情被他們抓在手裡，這些事情自然反射出他們的偏見。」

亞馬遜已經為所在地區增加他們的公益支出。不過，葛德哈拉德斯說的贏家全拿，就以亞馬遜作為首要的例子，從他們的稅賦來看就可以知道。亞馬遜在二〇一八年賺進了一百一十二億美元的利潤，卻一毛錢的聯邦所得稅也不用繳。這家公司市值要用千億來算，卻還是向他們營運所在的自治市申請減稅優惠，偏偏很多自治市爭相要亞馬遜到他們那裡去營運，尤其是亞馬的 HQ2 ——雖然被亞馬遜搞成慘案，不得不把他們要在紐約蓋「總部」（讀作「辦公室」就好）的計畫叫停。不過，亞馬遜還是預定要在維吉尼亞州蓋 HQ2，還可以從納稅人那裡弄來超過五億美元的獎勵，用來解決他們的麻煩。終於，西雅圖打算實施「人頭稅」，要大公司為每一位員工支付兩百七十五美元，用來協助市內無處可住的人口，亞馬遜卻強力反對，西雅圖市政府最後撤回了這措施。

「我不懂，怎麼幾十億美元身家的慈善家有權單方面決定哪些社會問題是最急迫要解決的，」利特文說，「我很希望這樣的決定可以走一趟審議、民主的過程。所以這意思是我覺得這些人還是提議加稅比較好，不要自己來指揮錢要用在哪裡。」

我二〇一九年到緬洛園去作訪問時，問過祖克柏私人捐贈和繳稅二者他是怎麼平衡的。那時祖克柏計劃要拿出幾百億美元，透過他和妻子共同創立的有限公司（LLC）「陳—祖克柏基金會」（Chan Zuckerberg Initiative），用於「慈善、公共政策倡議，還有其他造福大眾的事」。他為我說明了私人捐贈的理由。

「我覺得私人捐贈的一大價值，在於公益機構或是個人會做的事情和政府不一樣，」他跟我說，「我們做了很多教育方面的事。如果從我們做的實驗或是試用學到了什麼，我們就會把東西做出來，讓那些學到的事可以讓所有的公立學校輕鬆採用。

「我們要做的事，應該沒一件的影響會那麼大——我想美國政府每年用在教育上的經費是六千億美元吧，」祖克柏往下說，「但有的事情可能是我們願意去試或是有不一樣的想法，是政府不會想要去試的。你應該要有一堆不一樣的人去做各種實驗，改善我們的體制。」

雖然堅定地把大筆錢灑出去作私人捐贈，祖克柏還是承認他之所以能做捐贈，倚仗的是經濟體系給的條件，而這樣的經濟體系確實算不上公正。「我想，多加稅（而不是多捐贈）的主張是從這樣的想法來的，呃，就是有錢人打著捐贈的名號搞這名堂是否公平？」他說，「答案很明白啊，是不公平。」

我問過哈特曼，她覺得亞馬遜——也就是他們機構最大的捐助人——做的夠嗎？「那我跟你說，沒有人做的可以說是夠的，連我這個做了二十年的人也算在內，」她說，「每一個人都有能力再多做一點。」

盯住AI

隨著愈來愈多精密科技進入工作場所，尤其是人資部門的聘雇和薪酬這類事情，領導人也要好好盯著，免得科技搞怪。

就在我回康乃爾之前一個禮拜，路透社（Reuters）登出一篇報導，是關於亞馬遜的AI工具暗地使壞的事。亞馬遜的招聘人員用該工具掃描求職者投遞的履歷，給予一到五顆星的評分，評估適不適合進公司工作。報導說這軟體系統是招聘工作的「聖杯」。唯獨有這樣的麻煩：歧視女性。

報導寫道：「亞馬遜的系統自行學會求職人選以男性較好。掃到履歷有『女』這個字眼，例如『女子棋社社長』，就會扣分。它還會降低兩所女子學院畢業生的分數。」

亞馬遜回應路透社，說這夾帶偏見的工具，「從未被亞馬遜的招聘官用來評估求職人選。」不過，路透社說招聘人員會看該工具給的評分，對這一點亞馬遜倒未否認。

亞馬遜也未多作說明，所以無從得知這軟體為何會有歧視的狀況。不過，亞馬遜的赫布里希不是說了嘛：要看輸入。亞馬遜的全球員工總數，依路透社報導引述的數字，男性占百分之六十，女性占百分之四十。所以，亞馬遜的AI在蒐尋最適合公司的人選時，依系統叫出來的資料，是有可能判定男性比較合適，而據此去搜尋人選。

亞馬遜是想要修正。不過，就算他們抓到了問題所在，也解決不了。「亞馬遜將程式作了編輯，要程式對這類特定的字詞不設立場，」路透社的報導寫道，「但這無法保證機器不會自行做出別的方法來篩選而還是有歧視。」亞馬遜別無他法，最後把程式刪了。

AI跟人一樣，有時就是會使壞。為了多了解一點未來的領導人該怎麼處理這類問題，我找伊佛瑪．阿君華（Ifeoma Ajunwa）談了一下，她是ＩＲＬ的教授，研究演算法公平性（algoritihmic fairness）的專家。

阿君華一邊迎我進她辦公室，一邊問我要不要來一杯熱巧克力（在凍死人的伊薩卡是必備良品），也說我們不妨邊走邊談。我把錄音機打開後，阿君華談了一些她對亞馬遜還算不錯的評價，這我倒沒想到。「他們算是例外，」她說，「老實說，大多數的公司可是理都懶得理。」

阿君華說未來的領導人一定要不斷監督他們用的技術是不是有歧視的狀況。如今自動化的短期雇用、計薪、招聘系統在全球各地取代人資的工作——阿君華舉例塔吉特（Target）、星巴克、沃爾瑪等幾家公司——這件事就益發急迫了。

「它們本來就沒辦法改變歧視、偏見這樣的問題，」阿君華說起這些系統，「這些都是工具，可以加重問題也可以減輕問題。而且，既然只是工具，高明的領導人或是有責任感的領導人就不應該把工具怎麼用的責任推卸掉。」

阿君華跟我說，檢查這些系統有沒有偏頗固然是必要條件，不過，公開一樣也屬必要。她說：「大多數的公司連必要做的審查都懶得去做。就算真作了審查，而且是內部作的，也會祕而不宣，能蓋過去就蓋過去。」

有公司發現AI有偏頗但把消息壓在內部不讓外流，等於是害其他公司不知道應該也要去檢查自家的工具是否有類似的瑕疵——對大環境的勞動力簡直是在幫倒忙。這樣子看，亞馬遜未能公開他們AI系統的問題，算是有失職守。亞馬遜的領導階層是在路透社找上門來了，才談了談這件事。即使開口回應，講得也模稜兩可。看到這類的情況，各位是應該向揭發事情的記者脫帽致意。

創新也要深思熟慮

我還在ＩＬＲ讀書時，上過一門為時一整學期的研討會，主題是遣散，時間正在二〇〇九年經濟衰退之前。這一門課我上得津津有味，讓我得以深入探查經濟垮了以後千百萬人走過的路。這個代號**ILR HR 268**的課程，重點在怎樣把人掃地出門（找教室裡的人作對象，講話要簡短，免得自己惹禍上身），以及怎樣不讓自己被人掃地出門（別用電郵啊）。課堂上的氣氛有時很陰沉、悲傷，但也十分真實——算是帶領大家先嘗一下職場也會有的苦澀；這滋味許多人寧可視而不見。

結果這一門 ILR HR 268 竟然是真實生活上好的預習。二〇一三年，我自己被遣散了。我永遠忘不了那一天的每一件小事。我在新任經理手下才做了幾個禮拜，便在他的行事曆排上了約見的時間，禮拜二下午近傍晚時。時間快到了，我走過他訂下時間的會議室，看到公司的人資團隊有一個人在裡面翻一疊紙。明顯看得出來等一下有事。

由於還剩幾分鐘才到，我便走回辦公桌開始打包。打包得差不多時，我的經理走來把我帶了過去。他和人資那邊的經理一起處理資遣的事，做得毫無瑕疵。我們都很清楚步驟，不到三十分鐘，我就已經出了公司的大樓。

我離開後在紐約市區一連走了好幾哩的路——一月份的時節呢。被資遣的滋味實在難以忍受，每踏出一步就磨掉一點心裡的痛。時移事往，痛苦已經消逝，對我來說，當時資遣的情況如今卻還比資遣這事本身更有意思。

Operative Media，把我掃地出門的廣告公司，那時開發出軟體供線上新聞發佈商管理各自的業務。這技術協助新聞公司的業務代表預約廣告活動、下訂單、刊登廣告、開發票。Operative 的報業客戶名單很可觀，《華爾街日報》（*Wall Street Journal*）、ＮＢＣ環球集團（NBC Universal）、全國公共廣播電台（National Public Media）都是 Operative 的客戶。那時大家都正正當當做事，Operative 也努力做事。後來卻變了調。

我在 Operative 那時，數位廣告產業開始轉變。靠電話跟人買廣告是很煩瑣的，要做一堆事情——下訂單、傳送合約、投放廣告、播送管理——而 Operative 的軟體都可以幫忙簡化。由於人工的流程動輒會出錯、搞混，所以業界開始走向自動化。廣告主開始透過新推出的「程序化」（programmatic）軟體系統在網路上買廣告，進而在網路上面推廣告、付費、鎖定廣告目標，卻從頭到尾不必跟誰講上一句話。

自動化的浪潮打過來，Operative 自然要作抉擇了。Operative 可以協助他們的發佈商客戶將廣告庫存[16]清單掛到自動化的交易平台去，要不然就死守核心業務，依舊靠人力來做生意，捱過浪頭打擊。

Operative 最終沒有決定往哪一邊去。他們拖了很長一段時間，還是做了一款工具 Marketplace，供他們的發佈商把廣告庫存放上這款自動化交易平台，只是，他們這工具來遲了，效能也比不上競爭對手。所以，快得很，Operative 的執行長麥可．李奧（Michael Leo）遭到撤換，沒多久，我也跟著走人了。

16 編按：ad inventory，指可出售的廣告版面。

我打電話給李奧想跟他聊一下當年到底出了什麼差錯，原本以為要講的應該簡單明瞭吧。那時我為這本書作研究也很久了，曉得當年他沒按常規來走。我猜他會跟我說 Operative 應該走向研發而不是死守著老路子不拐彎，應該要早一點進行自動化，應該要開闢出好一點的管道供創意化作現實。所以，當李奧說出「我沒聽董事會的」（董事會當時督促他要自動化），我以為他會朝我想的方向去講。

可是，接下來他卻把對話帶往我想不到的方向。「假如盡忠職守只是針對投資人這邊，那我是應該早一點自動化沒錯，」他說，「可是，假如盡忠職守是要忠於自認正確的事，那我們那時走的路可能才是對的。」

李奧跟我說，推動廣告販售自動化會讓大新聞機構的威望貶值。從自動化系統買廣告，關注的重點會在廣告的目標對象，而不是目標對象看到了什麼。所以，把優秀新聞發佈商的廣告庫存放到這樣的系統，等於把頂尖新聞發佈商的廣告庫存，跟沒作多少（甚至沒有）報導的垃圾網站並排，放在同等重要的位置——對頂尖報業未必真是好事。

所以，李奧這是在跟我說，隨著邁向創新力前所未見的新時代，我們對自己到底創造出了什麼，一定要深思熟慮。這樣的觀念是和人性背道而馳的，人性向來只顧著發明而不計後果。「大家一看到有什麼科技的甜頭，就蜂擁而上搶著做，」羅伯．歐本海默（J. Robert Oppenheimer）說過，「直到你做出了很厲害的科技，這才開始來吵該怎麼用。」歐本海默這裡說的是原子彈，原子彈問世有他一份大功勞。

我們的發明若是冒進未作深思，成品可能反噬，新聞發佈商後來終究逃不了自食苦果（倒還不像歐本海默的例子那麼極端）。Operative 雖然努力做事，不過，跟真人買廣告還是事倍功半的苦差事。廣告商受夠了這樣的體系，開始把花錢的重點改到自動化，新聞發佈商自然跟進。如今，幾乎每一家新聞發佈商都在自動化廣告交易平台上競爭，弄得產業風雨飄搖。

李奧回顧起這些，只希望他的感慨下一代聽得進去。「有時候，我真的慶幸當年自己有堅持主張不讓步，」他跟我說，「我跟孩子說這些事時，沒遺憾。」

往前走

伊薩卡有「雲鄉」（land of clouds）之名，但在我回康乃爾的旅程快要結束時，太陽在即將落到地平線下時罕見露臉了。我坐在巴士站牌等車，映著幾道閃耀的落日餘暉，看向校園四處行走的學生，心想，他們可知他們即將一腳踏進去的職場，有多少變化在等著他們嗎？

變化正在撲面而來，這一點可以確定。機器學習、雲端運算、協力合作的工具雖在襁褓時期，但一定會與時俱進而日漸崢嶸。而且，這些工具可能帶來傷害。不過，假如能循適宜的途徑降低風險，那我們前往的便是人類在這世上另一精采的新篇章。果真走到了最好的境地，那景象將是壯麗非凡的。而我相當樂觀，走得到的。

工作這事，原本對世人大多是可怕、危險的，如今倒有可能變成許多人發揮創造力、成就自己的依憑。屆時不必成天替老闆奮力衝刺，而可以和老闆並肩共事，齊心將我們的創意化作現實。有鑑於愈來愈多公司是不發明就無法成功，這場景應該很快就可以從白日夢變成具體現實。

我們的經濟也有機會變得更蓬勃。科技巨擘大概都打算雄踞巔峰永不下山，不過，隨著工程腦和其相關的辦公技術四處擴張，小公司下場和這些巨無霸比劃，可不是沒本錢一較高下。而小公司爭相推出新發明，成長就會拉得比較平均，增加的財富也分配得比較廣，有助於廣大世人改善生活。

政府和非營利組織單位勢必也要改變。我們的世界面臨的急迫挑戰很多——氣候、教育、保健、貧窮等方面都有種種危機——需要發揮創意去找出解藥，而且愈多愈好。公部門要是大幅度削減原有的執行工作，勻出人手去為世人的難題創造新解藥，未來百年就算真的動盪難安，我們應該也有機會乘風破浪而過。至於文化，一樣要作轉型（機關單位必須多聽基層的聲音），就算未必真能實現也值得一試。美國已有二十五家聯邦機構，從總署（General Services Administration）到太空總署，都在和 UiPath 合作把執行工作自動化，未來的走向可見一斑。

前方最好的境地，值得我們奮力向前。政治面要有決心，企業界要有人才，我們才走得到最好的境地，但也不是人人都能走得順暢平穩。無論如何，走到了，大家生存的社會便能健康一點、快樂一點、穩定一點。

希望這本書能供大家作為前進的小小借鑑。至於路呢，就要我們自己走了。

致謝

若非親友、同事給予支持、意見、指點，這本書絕對難見天日。接下來提到的人，都讓美好的時刻更加溫馨，難熬的時刻好過一點，險灘暗礁也繞得過去。一切都拜他們所賜。

Merry Sun，我才氣過人的編輯，在我一路寫來的過程中，始終給我穩定可靠的指引，維持工作不偏離重點。看到好的，她會鼓勵，不好的會委婉點出，教我懂得寫好一本書需要發揮怎樣的精神。

Jim Levine，業界最好的經紀人，願意回覆我毛遂自薦的郵件，第一次通電話就相信我的點子可以成事，聽我絮絮叨叨講了一長串亂七八糟的想法，最後幫我組織起來，做出了如今這本書。

Natalie Robehmed 幫我作事實查證，細細耙梳我寫的一字一句，讓它們萬無一失。

Adrian Zackheim，Porfolio 出版社的發行人，我們第一次見面，他就在對書裡的看法作壓力測試，之後就在合約上簽名，跟我一起冒險，那時可還沒人曉得這一路會走向何方。

Portfolio 的銷售、美術、公關團隊都是出類拔萃的人才，拚了老命要把這本書送進讀者手中，還保證送到的時候漂漂亮亮！特別要謝謝 Will Weisser 幫我想到書名和副標，Margot

Stamas 幫我作公關，Nicole McArdle 作行銷，Chris Sergio 和 Jen Heuer 幫我做出令人驚喜的封面。

Stephanie Frerich 和 Rebecca Shoenthal，還有先前也在 Portfolio 的 Allyssa Adler，看出這本書有潛力，協助把書從小帶到大。我很感謝她們的眼光，也感謝她們相信我。

我在 BuzzFeed 的出色同事教我懂得，沒有什麼報導會是挑戰太大或扛不起來的。這樣的信念帶我走過這一趟報導的旅程，是我人生中規模最大的一場報導。我屢敗屢戰三次才讓 BuzzFeed 願意用我，在 BuzzFeed 工作一直像在作夢。我到現在還是不敢相信我這麼幸運，可以向 Ben Smith、Mat Honan、John Paczkowski、Scott Lucas，還有天天一起工作的記者同事學習。我也有幸和 Ellen Cushing 還有 Samantha Oltman 共事，兩人目前分別在 *The Atlantic* 和 *Recode* 跑科技新聞。這一路好瘋狂、好有趣啊。

我父母 Tova 和 Gary Kantrowitz，從小教我獨立思考、樂於求知，這本書我一章章寫來，他們一章章讀過，讀得興味盎然。謝謝你們一路支持，謝謝你們始終要我自己去找答案、而不是跟我講答案。

Stephanie Canora，我人生的定錨，難得的朋友，助我走過人生的低谷，在高峰為我歡呼，其間的重重難關（多著哪！）也是靠她的建議與指引。沒有 Stephanie，不知我現在人會在哪裡。

Sue 和 Steve Tregerman 夫婦，先後兩次讓我在他們西雅圖西區的住家待了好幾個禮拜。

幸虧他們熱忱招待，我才有機會對亞馬遜和微軟寫下長篇報導；不花這麼長的時間，做不成這兩家公司的忠實報導。Sue 和 Steve 沒把我當外人，和他們一起看《美國達人秀》（*America's Got Talent*）、看西雅圖水手隊（Mariners）球賽，和 Linda、Roie、Gali、Mateo 一大家子人混，都是樂事。他們永遠是我的家人。

Lady，Sue 和 Steve 的貓咪，在我作客期間也一直是要好的朋友。

我兩個兄弟 Barry（也叫：Barrycuda）、Josh（也叫：Young Squid），在我鎮日坐在電腦前面打字期間，始終隨傳隨到，跟我聊天或逗我開心。有他們人生才有滋味。他們是永遠的小孩。

Kantrowitz 家加上 Stepner 家這兩邊的人家庭，造就了今日的我。我們的一切，都是因為有 Leon 和 Miriam Kantrowitz，還有 Jerome 和 Eleanor Stepner，幸好有他們，我們才有未來。而我已逝的堂姊 Rachael Kantrowitz，至今還是我們的榜樣，她以她的一生教我們怎樣為生命注入愛與善。謝謝你們啊，各位。

Carmel DeAmicis 遇到我要為報導釐清思緒的時候，向來樂於傾聽。我寫作這一路，她始終幫我讀稿子，給我無價的建議。謝謝妳，Carmel，妳真棒。

Mark Bergen，任職於彭博社，舊金山柏納爾高地（Bernal Heights）的名人，幫我為這本書的報導做出行動計畫，始終是支持我的好友。我們常在 Sausalito 和 Funston 騎單車，也常到灣區健行，都好快樂。希望以後還有更多機會。

我在寫書期間，還有 Brad Allen 一直要我腳踏實地，每次我們談話都能為我開拓新的視野去看待人生。他聊棒球也算可以啦。

Jessica Fraidlin 帶我看舊金山的風土人情，我跟著她和她先生 Alex 學到了許多人生、商業、飲食的道理。我們每週一次聚餐，談起這本書最新遇上的報導難題，他們向來樂於傾聽，給我建議和支持。

一路寫來，Jane Leibrock 始終熱心支持，為我打氣。我開口講她就開心聽，從來沒叫我閉嘴。可見她根本是位聖人。

我從 Nate Skid 那裡學到眼界始終要拉得再大一點，事情始終要做得更好一點，他太太 Lang、他女兒 Evelyn，三人加起來便是鼓舞我向前的家庭。

Matt Sudol 教我懂得要珍惜人世的每一時刻。Richard Solomon 傳授我廣告運作的知識。Howard Spieler 到現在都還是我的人生導師，雖然早就不必應 NYCEDC（紐約市經濟發展局）的要求幹這碼子事了。

在我寫作期間，總有一群朋友會來我家辦「讀稿派對」，讀我寫的東西提意見。許多先前已經提過，有的我不宜提起，至於 Ariel Camus 和 Joe Wadlington，就需要特別點名一下，這兩個可是我們的開心果。

我寫書期間，還有 North Shore 的成員 David、Gabe、Jenny、Rebecca，這些人讓我始終精神抖擻。

康乃爾那邊的工作人員，Ali、Ayala、Chad、Dan、Emily、Ezron、Gavi、Hannah、Herbie、Jack、Jasmine、Jaclyn、Josh、Judah、Lauren、Noami、Newman、Nicole、Perry、Rachel、Rina、Ronit、Schapp、Tzippy……你們也太棒了，謝謝支持、鼓勵。

寫書期間，常常只有我一人面對鍵盤，還好有 Never Stop Never Stopping 聊天群組，（多少）保住我不發瘋。我從他們一直在發的網站連結和精采討論學到了很多。謝謝你們，沒因為我是個ＮＢＡ白癡就把我踢出群組。

謝謝 *Ad Age* 的 Simon Dumenco、Michael Learmonth、Maureen Morrison、Matt Quinn、Judy Pollack，把我從搞行銷的變成了記者。

我剛踏進記者這一行時，獨立記者的門道都是 Saul Austerlitz 教會我的，後來我想寫書，寫書的門道一樣是他教我的。

這本書在動手之初，我和 Larry Reibstein 見過面，他為我指出正確的走向，人生巧遇的小小動作卻帶來了大大的變化。

Scott Olster 為我帶來人生突破的契機，在《財星》（*Fortune*）登出了我寫的第一篇報導，之後再一篇，然後又再一篇。

Zack O'Mally Greenburg 和 Jon Bruner 帶我進《富比世》（*Forbes*）當撰稿人，我就這樣開始寫了。

#MetsBooth 的 Gary、Keith、Ron，春、夏這兩季幸好有你們伴我度過一個個孤獨的下午，入秋時希望快快見到你們。

舊金山瓦倫西亞街（Valencia）的烘焙坊 Arizmendi，我在寫書期間不知去了多少次，每次他們都笑臉相迎，送上咖啡。所以，每逢我又一腳踩進寫作的大坑，不管坑再深，每天到他們那裡待上三十分鐘，必定能得到祝福。

還有 Glen Canyon Park 的維護人員，感謝有你們，我才能在寫書期間每天有漂亮地方可以跑步。各位，下次到舊金山來，這是必遊的景點。

還有一些說我做不到、我不會做到、我沒本事做到的人——謝謝你們，你們燃起了我的鬥志。

附錄

序：祖克柏會面記

第10頁　祖克柏正在賣力寫他的「宣言」：Zuckerberg, Mark. "Building Global Community." Facebook, February 16, 2017. https://www.facebook.com/notes/mark-zuckerberg/building- global-community/10103508221158471.

導論：永遠當作第一天

第14頁　二〇一七年三月，亞馬遜召開全員大會：Amazon News. "Jeff Bezos on Why It's Always Day 1 at Amazon." YouTube, April 19, 2017. https://www.youtube.com/watch ?v= fTwXS2H_iJo.

第15頁　到了二〇一五，只守得住十五年了：Lam, Bourree. "Where Do Firms Go When They Die?" Atlantic. *Atlantic* Media Company, April 12, 2015. https://www.theatlantic.com/business/archive/2015/04/where-do-firms-go-when-they-die/390249/.

第21頁　投資客為這公司奉上兩億兩千五百萬美元：Winkler, Rolfe. "Software 'Robots' Power Surging Values for Three Little-Known Startups." *Wall Street Journal*. Dow Jones & Company, September 17, 2018. https://www.wsj.com/articles/software-robots-power-surging-values-for-three-little-known-startups-1537225425.

第23頁　UiPath的一大競爭對手Automation Anywhere，就從軟體銀行（Soft Bank）拿到了三億美元：Lunden, Ingrid. "RPA Startup Automation Anywhere Nabs $300M from SoftBank at a $2.6B Valuation." TechCrunch. TechCrunch, November 15, 2018. https://techcrunch.com/2018/11/15/rpa-startup-automation-anywhere-nabs-300m-from-softbank-at-a-2-6b-valuation.

第28頁　網飛（Netflix）也有回饋制度：Ramachandran, Shalini, and Joe Flint. "At Netflix, Radical Transparency and Blunt Firings Unsettle the Ranks." *Wall Street Journal*. Dow Jones & Company, October 25, 2018. https://www.wsj.com/articles/at-netflix-radical-transparency-and-blunt-firings-unsettle-the-ranks-1540497174?mod=hp_lead_pos4.

第28頁　特斯拉（Tesla）那裡的構想，創意，走的全是從上往下輸送的單向道：Duhigg, Charles. "Dr. Elon & Mr.

Musk: Life Inside Tesla's Production Hell." *Wired*. Condé Nast, December 13, 2008. https://www.wired.com/story/elon-musk-tesla-life-inside-gigafactory.

第28頁　優步（Uber）的企業文化，問題叢生則是出了名的：Isaac, Mike. *Super Pumped: The Battle for Uber*. New York: W. W. Norton & Company, 2019.

第1章　貝佐斯的創新文化

第33頁　亞馬遜的創新文化，是貝佐斯循十四條領導心法建立起來的："Leadership Principles." Amazon.jobs. Accessed October 3, 2019. https://www.amazon.jobs/en/principles.

第37頁　「現在開始不准用PowerPoint作簡報」：Stone, Madeline. "A 2004 Email from Jeff Bezos Explains Why PowerPoint Presentations Aren't Allowed at Amazon." Business Insider. *Business Insider*, July 28, 2015. https://www.businessinsider.com/jeff-bezos-email-against-powerpoint-presentations-2015-7.

第38頁　備忘錄寫得十分詳細：這樣的備忘錄甚至有一套給每個團隊的微領導心法，叫作「信條」（tenet）。

第42頁　二〇一二年三月，亞馬遜買下Kiva Systems：Rusli, Evelyn. "Amazon.com to Acquire Manufacturer of Robotics." New York Times. *New York Times*, March 19, 2012. https://dealbook.nytimes.com/2012/03/19/amazon-com-buys-kiva-systems-for-775-million/.

第43頁　到了二〇一四年，亞馬遜在各物流中心用上的機器人已達一萬五千具左右：Seetharaman, Deepa. "Amazon Has Installed 15,000 Warehouse Robots to Deal with Increased Holiday Demand." *Business Insider*. Business Insider, December 1, 2014. https://www.businessinsider.com/r-amazon-rolls-out-kiva-robots-for-holiday-season-onslaught-2014-12.

第43頁　再到二〇一五年就跳升到三萬具了：Levy, Nat. "Chart: Amazon Robots on the Rise, Gaining Slowly but Steadily on Human Workforce." *GeekWire*. GeekWire, December 29, 2016. https://www.geekwire.com/2016/chart-amazon-robots-rise-gaining-slowly-steadily-human-workforce/.

第43頁　亞馬遜便大有可能連物流的其他核心作業也作自動化：Del Rey, Jason. "Land of the Giants." *Vox*. Accessed October 3, 2019. https://www.vox.com/land-of-the-giants-podcast.

第44頁　連廁所也不敢去：Pollard, Chris. "Rushed Amazon Staff Pee into Bottles as They're Afraid of Time-Wasting." Sun. *Sun*, April 15, 2018. https://www.thesun.co.uk/news/6055021/rushed -amazon-warehouse-staff-time-wasting.

第44頁 公司的內勤人員‥Stone, Brad. *The Everything Store: Jeff Bezos and the Age of Amazon.* New York: Little, Brown and Company, 2013.

第46頁 「我們為自己找來這樣的挑戰」: Recode. "Amazon Employee Work-Life Balance | Jeff Bezos, CEO Amazon | Code Conference 2016." YouTube, June 2, 2016. https://www.youtube.com/watch?v=PTYFEgXaRbU.

第59頁 「顧客從來就不會滿意的，」貝佐斯二〇一八年四月接受訪問時便說‥TheBushCenter. "Forum on Leadership: A Conversation with Jeff Bezos." YouTube, April 20, 2018. https://www.youtube.com/watch?v=xu6vFIKAUxk.

第60頁 《紐約時報》刊出一篇五千字的報導，下筆如刀‥Kantor, Jodi, and David Streitfeld. "Inside Amazon: Wrestling Big Ideas in a Bruising Workplace." *New York Times*. New York Times, August 15, 2015. https://www.nytimes.com/2015/08/16/technology/inside-amazon-wrestling-big-ideas-in-a-bruising-workplace.html.

第61頁 亞馬遜馬上點起烽火朝《紐時》開戰‥Carney, Jay. "What the New York Times Didn' t Tell You." Medium. Medium, October 19, 2015. https://medium.com/@jaycarney/what-the-new-york-times-didn-t-tell-you-a1128aa78931.

第61頁 《紐時》的編輯狄恩・貝奎特（Dean Baquet）馬上還擊‥Communications, NYTCo. "Dean Baquet Responds to Jay Carney's Medium Post." Medium. Medium, October 19, 2015. https://medium.com/@NYTimesComm/dean-baquet-responds-to-jay-carney-s-medium-post-6af794c7a7c6.

第62頁 《紐時》的文章重拳揮來，貝佐斯馬上發電郵給全公司‥Cook, John. "Full Memo: Jeff Bezos Responds to Brutal NYT Story, Says It Doesn't Represent the Amazon He Leads." *GeekWire*. GeekWire, August 16, 2015. https://www.geekwire.com/2015/full-memo-jeff-bezos-responds-to-cutting-nyt-expose-says-tolerance-for-lack-of-empathy-needs-to-be-zero/.

第2章　祖克柏的回饋文化

第78頁 桑柏格的會議室掛的名牌是「只聽好事」‥Inskeep, Steve. "We Did Not Do Enough to Protect User Data, Facebook's Sandberg Says." NPR. NPR, April 6, 2018. https://www.npr.org/2018/04/06/600071401/we-did-not-do-enough-to-protect-user-data-facebooks-sandberg-says.

第80頁 臉書推出他們的原生碼 iOS app‥Rusli, Evelyn M. "Even Facebook Must Change." *Wall Street Journal*. Dow Jones & Company, January 29, 2013. https://www.wsj.com/articles/SB10001424127887323829504578272233666653120.

第81頁　如今臉書的廣告營收超過百分之九十是從手機來的：Goode, Lauren. "Facebook Was Late to Mobile. Now Mobile Is the Future." *Wired*. Condé Nast, February 06, 2019. https://www.wired.com/story/facebooks-future-is-mobile/.

第83頁　大家在臉書分享的原創貼文變少：Efrati, Amir. "Facebook Struggles to Stop Decline in 'Original' Sharing." *The Information,* April 7, 2016. https://www.theinformation.com/articles/facebook-struggles-to-stop-decline-in-original-sharing?shared=5dd15d.

第83頁　臉書的用戶這時已經超過十五億：Facebook 10-Q. Accessed October 3, 2019. https://www.sec.gov/Archives/edgar/data/1326801/000132680115000032/fb-9302015x10q.htm.

第84頁　社團成員每個月以數千萬人的數目攀升：Kantrowitz, Alex. "Small Social Is Here: Why Groups Are Finally Finding a Home Online." BuzzFeed News. *BuzzFeed News*, November 3, 2015. https://www.buzzfeednews.com/article/alexkantrowitz/small-social-is-here-why-groups-are-finally-finding-a-home-o.

第87頁　叫作「伏地魔專案」（Project Voldemort）：Wells, Georgia, and Deepa Seetharaman. "WSJ News Exclusive | Snap Detailed Facebook's Aggressive Tactics in 'Project Voldemort' Dossier." *Wall Street Journal*. Dow Jones & Company, September 24, 2019. https://www.wsj.com/articles/snap-detailed-facebooks-aggressive-tactics-in-project-voldemort-dossier-11569236404.

第90頁　六個月後，臉書買下Face.com：Tsotsis, Alexia. "Facebook Scoops Up Face.com for $55-60M to Bolster Its Facial Recognition Tech (Updated)." *TechCrunch*. TechCrunch, June 18, 2012. https://techcrunch.com/2012/06/18/facebook-scoops-up-face-com-for-100m-to-bolster-its-facial-recognition-tech/.

第91頁　二〇一五年十二月，祖克柏的產品團隊推出臉書直播：Kantrowitz, Alex. "Facebook Expands Live Video Beyond Celebrities." *BuzzFeed News*. BuzzFeed News, December 3, 2015. https://www.buzzfeednews.com/article/alexkantrowitz/facebook-brings-its-live-streaming-to-the-masses#.jegRRDmJK.

第91頁　有個名叫唐妮莎．甘特（Donesha Gantt）的女子，坐在車內中槍之後上了臉書直播：Rabin, Charles. "Woman Posts Live Video of Herself After Being Shot in Opa-Locka Burger King Drive-Through." *Miami Herald*. Miami Herald, February 2, 2016. https://www.miamiherald.com/news/local/crime/article57897483.html.

第92頁　臉書直播出現寫實暴力影片大致是一個月兩次：Kantrowitz, Alex. "Violence on Facebook Live Is Worse Than You Thought." *BuzzFeed News*. BuzzFeed News, June 16, 2017. https://www.buzzfeednews.com/article/

alexkantrowitz/heres-how-bad-facebook-lives-violence-problem-is.

第94頁 預防自殺的AI工具：Kantrowitz, Alex. "Facebook Is Using Artificial Intelligence to Help Prevent Suicide." *BuzzFeed News*. BuzzFeed News, March 1, 2017. https://www.buzzfeednews.com/article/alexkantrowitz/facebook-is-using-artificial-intelligence-to-prevent-suicide.

第94頁 這一套程式整體的效能說明最新的成績：Rosen, Guy."F8 2018: Using Technology to Remove the Bad Stuff Before It's Even Reported." Facebook Newsroom, May 2, 2018. https://newsroom.fb.com/news/2018/05/removing-content-using-ai/.

第95頁 有些臉書審查員的工作條件是很慘的：Newton, Casey. "The Secret Lives of Facebook Moderators in America." *Verge*. Vox, February 25, 2019. https://www.theverge.com/2019/2/25/18229714/cognizant-facebook-content-moderator-interviews-trauma-working-conditions-arizona.

第97頁 克里姆林宮在臉書暗助大規模的錯誤資訊攻勢：Stamos, Alex. "An Update on Information Operations on Facebook." Facebook Newsroom, September 6, 2017. https://newsroom.fb.com/news/2017/09/information-operations-update/.

第98頁 資訊分析公司「劍橋分析」（Cambridge Analytica）受雇於唐納・川普的總統大選活動時，非法使用數百萬臉書用戶的資訊：Rosenberg, Matthew, Nicholas Confessore, and Carole Cadwalladr. "How Trump Consultants Exploited the Facebook Data of Millions." *New York Times*. New York Times, March 17, 2018. https://www.nytimes.com/2018/03/17/us/politics/cambridge-analytica-trump-campaign.html.

第98頁 在他的貼文〈醜陋〉（The Ugly）裡的說法，就一針見血：Mac, Ryan, Charlie Warzel, and Alex Kantrowitz. "Growth at Any Cost: Top Facebook Executive Defended Data Collection in 2016 Memo—and Warned That Facebook Could Get People Killed." BuzzFeed News. *BuzzFeed News*, March 29, 2018. https://www.buzzfeednews.com/article/ryanmac/growth-at-any-cost-top-facebook-executive-defended-data.

第100頁 他作開場陳述時說：Stewart, Emily. "What Mark Zuckerberg Will Tell Congress About the Facebook Scandals." *Vox*. Vox, April 10, 2018. https://www.vox.com/policy-and-politics/2018/4/9/17215640/mark-zuckerberg-congress-testimony-facebook.

第103頁 喀麥隆：McAllister, Edward. "Facebook' s Cameroon Problem: Stop Online Hate Stoking Conflict." Reuters. Thomson Reuters, November 4, 2018. https://www.reuters.com/article/us-facebook-cameroon-insight/facebookscameroon-problem-stop-online-hate-stoking-conflict-idUSKCN1NA0GW.

第103頁 斯里蘭卡：Rajagopalan, Megha." ‘We Had to Stop Facebook’: When Anti-Muslim Violence Goes Viral." BuzzFeed News. *BuzzFeed News*, April 7, 2018. https://www.buzzfeednews.com/article/meghara/we-had-to-stop-facebook-when-anti-muslim-violence-goes-viral.

第3章 皮查伊的協作文化

第109頁 谷歌內部的爭論愈演愈烈：Conger, Kate. "Exclusive: Here's the Full 10-Page Anti-Diversity Screed Circulating Internally at Google [Updated]." *Gizmodo*. Gizmodo, August 5, 2017. https://gizmodo.com/exclusive-heres-the-full-10-page-anti-diversity-screed-1797564320.

第109頁 「我也是」（Me Too）運動：Alyssa Milano, Twitter Post, October 15, 2017, 1:21 p.m., https://twitter.com/Alyssa_Milano/status/919659438700670976.

第114頁 瑪麗莎・梅爾（Marissa Mayer）：Harmanci, Reyhan. "Inside Google's Internal Meme Generator." BuzzFeed News. *BuzzFeed News,* September 26, 2012. https://www.buzzfeednews.com/article/reyhan/inside-googles-internal-meme-generator.

第114頁 谷歌的搜尋流量有約百分之六十五：Nelson, Jeff. "What Did Sundar Pichai Do That His Peers Didn't, to Get Promoted Through the Ranks from an Entry Level PM to CEO of Google?" Quora, July 24, 2016. https://www.quora.com/What-did-Sundar-Pichai-do-that-his-peers-didnt-to-get-promoted-through-the-ranks-from-an-entry-level-PM-to-CEO-of-Google/answer/Jeff-Nelson-32?ch=10&share=53473102&srid=au3.

第117頁 「你覺得Gmail怎樣？」："Sundar Pichai Full Speech at IIT Kharagpur 2017 | Sundar Pichai at KGP | Latest Speech." YouTube, January 10, 2017. https://www.youtube.com/watch?v=-yLlMk41sro&feature= youtu.be.

第118頁 谷歌買下Upstartle：Mazzon, Jen. "Writely So." Official Google Blog, March 9, 2006. https://googleblog.blogspot.com/2006/03/writely-so.html.

第118頁 谷歌推出行事曆 Google Calendar：Sjogreen, Carl. "It's About Time." Official Google Blog, April 13, 2006. https://googleblog.blogspot.com/2006/04/its-about-time.html.

第118頁 谷歌推出試算表 Google Spreadsheets：Rochelle, Jonathan. "It's Nice to Share." Official Google Blog, June 6, 2006.

https://googleblog.blogspot.com/2006/06/its-nice-to-share.html.

第121頁 皮查伊二〇〇八年在推介Chrome的時候說：“Sundar Pichai Launching Google Chrome.” YouTube, February 19, 2017. https://www.youtube.com/watch?v=3_Ye38fBQMo.

第123頁 Chrome在二〇〇八年問世：Doerr, John E. *Measure What Matters: How Google, Bono, and the Gates Foundation Rock the World with OKRs*. New York: Portfolio, 2018.

第123頁 不再為IE另作開發：Newcomb, Alyssa. "Microsoft: Drag Internet Explorer to the Trash. No, Really." Fortune. *Fortune,* February 8, 2019. https://fortune .com/2019/02/08/download-internet-explorer-11-end-of-life-microsoft-edge/?xid=gn_editorspicks.

第124頁 向世人推出Amazon Echo和內建在Echo裡面的數位助理Alexa：Stone, Brad, and Spencer Soper. "Amazon Unveils a Listening, Talking, Music-Playing Speaker for Your Home." *Bloomberg*. Bloomberg, November 6, 2014. https://www.bloomberg.com/news/articles/2014-11-06/amazon-echo-is-a-listening-talking-music-playing-speaker-for-your-home.

第125頁 佩吉在部落格發文，震驚一時：Page, Larry. "G Is for Google." Official Google Blog, August 10, 2015. https://googleblog.blogspot.com/2015/08/google-alphabet.html.

第126頁 行動上網的時數中，用app占百分之八九．二："US Time Spent with Media: EMarketer’ s Updated Estimates and Forecast for 2014–2019." eMarketer, April 27, 2017. https://www.emarketer.com/Report/US-Time-Spent-with-Media-eMarketers-Updated-Estimates-Forecast-20142019/2002021.

第132頁 沒什麼時間給你去聽：Pierce, David. "One Man’s Quest to Make Google’s Gadgets Great." *Wired*. Condé Nast, February 8, 2018. https://www.wired.com/story/one-mans-quest-to-make-googles-gadgets-great/.

第135頁 方禮真：Tiku, Nitasha. "Three Years of Misery Inside Google, the Happiest Company in Tech." *Wired*. Condé Nast, August 13, 2019. https://www.wired.com/story/inside-google-three-years-misery-happiest-company-tech/.

第135頁 大家便寫了一封抗議信：Shane, Scott, and Daisuke Wakabayashi. " ‘The Business of War’ : Google Employees Protest Work for the Pentagon." *New York Times*. New York Times, April 4, 2018. https://www.nytimes.com/2018/04/04/technology/google-letter- ceo-pentagon-project.html?login=smartlock&auth=login-smartlock.

第136頁 另一份國際請願信，反對AI應用於自主式戰事："Lethal Autonomous Weapons Pledge." Future of Life Institute. https://futureoflife.org/lethal-autonomous-weapons-pledge/.

第136頁「欸，我從國防部跳槽過來」：Tarnoff, Ben. "Tech Workers Versus the Pentagon." *Jacobin*. *Jacobin,* June 6, 2018. https://jacobinmag.com/2018/06/google-project-maven-military-tech-workers.

第136頁 十多人從谷歌辭職：Conger, Kate. "Google Employees Resign in Protest Against Pentagon Contract." *Gizmodo*. Gizmodo, May 14, 2018. https://gizmodo.com/google-employees-resign-in-protest-against-pentagon-con-1825729300.

第136頁 又再有外流的資料：Shane, Scott, Cade Metz, and Daisuke Wakabayashi. "How a Pentagon Contract Became an Identity Crisis for Google." *New York Times*. New York Times, May 30, 2018. https://www.nytimes.com/2018/05/30/technology/google-project-maven-pentagon.html.

第138頁 皮查伊對外公佈，即谷歌的「人工智慧綱領」（AI Principles）：Pichai, Sundar. "AI at Google: Our Principles." Google, June 7, 2018. https://www.blog.google/technology/ai/ai-principles/.

第139頁 谷歌終於表明他們不會和五角大廈續約：Alba, Davey. "Google Backs Away from Controversial Military Drone Project." *BuzzFeed News*. BuzzFeed News, June 1, 2018. https://www.buzzfeednews.com/article/daveyalba/google-says-it-will-not-follow-through-on-pentagon-drone-ai.

第139頁 如今名留谷歌史冊，叫作「大退席」（The Walkout）：Wakabayashi, Daisuke, and Katie Benner. "How Google Protected Andy Rubin, the 'Father of Android'." *New York Times*. New York Times, October 25, 2018. https://www.nytimes.com/2018/10/25/technology/google-sexual-harassment-andy-rubin.html.

第140頁 發了一封電郵到媽咪群組：Morris, Alex. "Rage Drove the Google Walkout. Can It Bring About Real Change at Tech Companies?" *New York*. New York Magazine, February 5, 2019. http://nymag.com/intelligencer/2019/02/can-the-google-walkout-bring-about-change-at-tech-companies .html.

第142頁「提出了實用的意見」：Fried, Ina. "Google CEO: Apology for Past Harassment Issues Not Enough." *Axios*. Axios, October 30, 2018. https://www.axios.com/google-ceo- apologizes-past-sexual-harassment-aec53899-6ac0-4a70-828d-70c263e56305.html.

第142頁「天雷滾滾」的氣勢：Ghaffary, Shirin, and Eric Johnson. "After 20,000 Workers Walked Out, Google Said It Got the Message. The Workers Disagree." *Vox*. Vox, November 21, 2018. https://www.vox.com/2018/11/21/18105719/google-walkout-real-change-organizers-protest-discrimination-kara-swisher-recode-decode-podcast.

第143頁 不再實施強制仲裁制：Wakabayashi, Daisuke. "Google Ends Forced Arbitration for All Employee Disputes." *New*

York Times. New York Times, February 21, 2019. https://www.nytimes.com/2019/02/21/technology/google-forced-arbitration.html.

第144頁 遭谷歌秋後算帳：Tiku, Nitasha. "Google Walkout Organizers Say They' re Facing Retaliation." *Wired*. Condé Nast, April 22, 2019. https://www.wired.com/story/google-walkout-organizers-say-theyre-facing-retaliation/.

第144頁 皮查伊和他的領導團隊在谷歌員工心目中的信任度下跌了兩位數：Kowitt, Beth. "Inside Google' s Civil War." *Fortune*. Fortune, May 17, 2019. https://fortune.com/longform/inside-googles-civil-war/.

第4章　庫克與蘋果的大問題

第148頁 使得布朗李對蘋果 HomePod 的評價格外令人吃驚：Brownlee, Marques. "Apple HomePod Review: The Dumbest Smart Speaker?" YouTube, February 16, 2018. https://www.youtube.com/watch?v=mpjREfvZiDs&feature=youtu.be.

第153頁 安姬拉・艾倫茲（Angela Ahrendts），當過博柏利（Burberry）執行長和蘋果零售業務主管：Gruber, John. "Angela Ahrendts to Leave Apple in April; Deirdre O'Brien Named Senior Vice President of Retail and People." *Daring Fireball* (blog). Accessed February 5, 2019. https://daringfireball.net/linked/2019/02/05/ahrendts -obrien.

第153頁 裘尼・艾夫（Jony Ive）也是：Gruber, John. "Jony Ive Is Leaving Apple." *Daring Fireball* (blog), June 27, 2019. https://daringfireball.net/2019/06/jony_ive_leaves_apple.

第154頁 聯合航空（United Airlines）有文件外流：Mayo, Benjamin. "United Airlines Takes Down Poster That Revealed Apple Is Its Largest Corporate Spender." *9to5Mac*, January 14, 2019. https://9to5mac.com/2019/01/14/united-airlines-apple-biggest-customer/.

第158頁 犯這樣的大忌，代價慘重啊：Schleifer, Theodore. "An Apple Engineer Showed His Daughter the New IPhone X. Now, She Says, He's Fired." *Recode*. Vox, October 29, 2017. https://www.vox.com/2017/10/29/16567244/apple-engineer-fired-iphone-x-daughter-secret-product-launch.

第159頁 一封罕見的信：Cook, Tim. "Letter from Tim Cook to Apple Investors." Apple Newsroom, January 2, 2019. https://www.apple.com/newsroom/2019/01/letter-from-tim-cook-to-apple-investors/.

第159頁 第一次修正他們的財務預測：Thompson, Ben. "Apple' s Errors."*Stratechery by Ben Thompson*, January 7, 2019. https://stratechery.com/2019/apples-errors/?utm_source=Memberful&utm_campaign=131ddd5a64-weekly_article_2019_01_07&utm_medium=email&utm_term=0_d4c7fece27-131ddd5a64-110945413.

第160頁 「iPhone 8我用得很滿意」：Balakrishnan, Anita, and Deirdre Bosa. "Apple Co-Founder Steve Wozniak: iPhone X Is the First iPhone I Won't Buy on 'Day One.'" *CNBC*. CNBC, October 23, 2017. https://www.cnbc.com/2017/10/23/apple-co-founder-steve-wozniak-not-upgrading-to-iphone-x-right-away.html.

第160頁 庫克接受CNBC訪問的時候："CNBC Exclusive: CNBC Transcript: Apple CEO Tim Cook Speaks with CNBC's Jim Cramer Today." CNBC. CNBC, January 8, 2019. https://www.cnbc.com/2019/01/08/exclusive-cnbc-transcript-apple-ceo-tim-cook-speaks-with-cnbcs-jim-cramer-today.html.

第161頁 蘋果在HomePod之前早早就有Siri了：Gross, Doug. "Apple Introduces Siri, Web Freaks Out." *CNN*. Cable News Network, October 4, 2011. https://www.cnn.com/2011/10/04/tech/mobile/siri-iphone-4s-skynet/index.html.

第162頁 「二〇一一年開始，史提夫死後」：Note that Jobs began the Siri project.

第166頁 蘋果不得不作出不太尋常的決定：延後：Hall, Zac. "Apple Delaying HomePod Smart Speaker Launch until next Year." *9to5Mac*, November 17, 2017. https://9to5mac.com/2017/11/17/homepad-delay/.

第170頁 蘋果將兩百名員工從苦無進展的泰坦專案調走：Kolodny, Lora, Christina Farr, and Paul A. Eisenstein. "Apple Just Dismissed More than 200 Employees from Project Titan, Its Autonomous Vehicle Group." *CNBC*. CNBC, January 24, 2019. https://www.cnbc.com/2019/01/24/apple-lays-off-over-200-from-project-titan-autonomous-vehicle-group.html.

第173頁 「蘋果IS & T部門有怎樣的工作文化？」："How Is the Work Culture at the IS&T Division of Apple?" Quora. https://www.quora.com/How-is-the-work-culture-at-the-IS-T-division-of-Apple.

第174頁 最低工資拉到時薪十五美元：Salinas, Sara. "Amazon Raises Minimum Wage to $15 for All US Employees." *CNBC*. CNBC, October 2, 2018. https://www.cnbc.com/2018/10/02/amazon-raises-minimum-wage-to-15-for-all-us-employees.html.

第175頁 年薪只有兩萬八千美元：Gross, Terry. "For Facebook Content Moderators, Traumatizing Material Is a Job Hazard." *NPR*. NPR, July 1, 2019. https://www.npr.org/2019/07/01/737498507/for-facebook-content-moderators-traumatizing-material-is-a-job-hazard.

第175頁 美國加州聖柏納迪諾（San Bernardino）：Nagourney, Adam, Ian Lovett, and Richard Pérez-Peña. "San Bernardino Shooting Kills at Least 14; Two Suspects Are Dead." *New York Times*. New York Times, December 2, 2015. https://www.nytimes.com/2015/12/03/us/san-bernardino-shooting.html.

第175頁　搜到一支iPhone 5c：Ng, Alfred. "FBI Asked Apple to Unlock iPhone Before Trying All Its Options." CNET, March 27, 2018. https://www.cnet.com/news/fbi-asked-apple-to-unlock-iphone-before-trying-all-its-options.

第176頁　這可不是僅限一支 iPhone 的事：Grossman, Lev. "Apple CEO Tim Cook: Inside His Fight with the FBI." *Time*. Time Magazine, March 17, 2016. https://time.com/4262480/tim-cook-apple-fbi-2.

第176頁　堅守在隱私權這一邊：Cook, Tim. "Customer Letter." Apple. Accessed February 16, 2016. https://www.apple.com/customer-letter.

第179頁　「行銷在我眼裡講的是價值」："Best Marketing Strategy Ever! Steve Jobs Think Different / Crazy Ones Speech (with Real Subtitles)." YouTube, April 21, 2013. https://www.youtube.com/watch?v=keCwRdbwNQY.

第181頁　歐普拉（Oprah）說的：Albergotti, Reed. "Apple's 'Show Time' Event Puts the Spotlight on Subscription Services." Washington Post. *Washington Post*, March 25, 2019. https://www.washingtonpost.com/technology/2019/03/25/apple-march-event-streaming-news-subscription.

第五章　納德拉：微軟個案研究

第185頁　aQuantive 有個前經理人那時接受科技新聞網站 GeekWire 訪問：Cook, John. "After the Writedown: How Microsoft Squandered Its $6.3B Buy of Ad Giant aQuantive." *GeekWire*. GeekWire, July 12, 2012. https://www.geekwire.com/2012/writedown-microsoft-squandered-62b-purchase-ad-giant-aquantive/.

第186頁　流傳出一篇文稿：Bishop, Todd. "Microsoft's 'Lost Decade'? Vanity Fair Piece Is Epic, Accurate and Not Entirely Fair." *GeekWire*. GeekWire, July 4, 2012. https://www.geekwire.com/2012/microsofts-lost-decade-vanity-fair-piece-accurate-incomplete.

第186頁　「原先是體質精瘦的競爭機器」：Eichenwald, Kurt. "How Microsoft Lost Its Mojo: Steve Ballmer and Corporate America's Most Spectacular Decline." *Vanity Fair*. Vanity Fair, July 24, 2012. https://www.vanityfair.com/news/business/2012/08/microsoft-lost-mojo-steve-ballmer.

第186頁　鮑默在二〇一四年下台：Bishop, Todd. "Microsoft Names Satya Nadella CEO; Bill Gates Stepping Down as Chairman to Serve as Tech Adviser." *GeekWire*. GeekWire, February 4, 2014. https://www.geekwire.com/2014/microsoft-ceo-main.

第188頁 業績已經高達一百三十億美元：Fontana, John. "Microsoft Tops $60 Billion in Annual Revenue." Network World, July 17, 2008. https://www.networkworld.com/article/2274218/microsoft-tops--60-billion-in-annual-revenue.html.

第188頁 在微軟總營收占比高達百分之二十：Romano, Benjamin. "Microsoft Server and Tools Boss Muglia Given President Title." *Seattle Times*. Seattle Times Company, January 6, 2009. https://www.seattletimes.com/business/microsoft/microsoft-server-and-tools-boss-muglia-given-president-title.

第190頁 百分之三十七盡屬亞馬遜AWS的囊中物：D'Onfro, Jillian. "Here's a Reminder Just How Massive Amazon's Web Services Business Is." *Business Insider*. Business Insider, June 16, 2014. https://www.businessinsider.com/amazon-web-services-market-share-2014-6.

第190頁 鮑默在這節骨眼兒把納德拉提攜上來了：Foley, Mary Jo. "Meet Microsoft's New Server and Tools Boss: Satya Nadella." *ZDNet*, February 9, 2011. https://www.zdnet.com/article/meet-microsofts-new-server-and-tools-boss-satya-nadella.

第192頁 他走前的一大手筆：Warren, Tom. "Microsoft Writes Off $7.6 Billion from Nokia Deal, Announces 7,800 Job Cuts." *Verge*. Vox, July 8, 2015. https://www.theverge.com/2015/7/8/8910999/microsoft-job-cuts-2015-nokia-write-off.

第193頁 納德拉上任第一天，發了一封電郵給所有的員工："Satya Nadella Email to Employees on First Day as CEO." Microsoft News Center, February 4, 2014. https://news.microsoft.com/2014/02/04/satya-nadella-email-to-employees-on-first-day-as-ceo.

第194頁 納德拉接著要他的領導團隊多吸收創業思維：Nadella, Satya. *Hit Refresh: The Quest to Rediscover Microsoft's Soul and Imagine a Better Future for Everyone*. New York: HarperCollins, 2017.

第194頁 納德拉也擴大「微軟車庫」（Microsoft Garage）：Choney, Suzanne. "Microsoft Garage Expands to Include Exploration, Creation of Cross-Platform Consumer Apps." *Fire Hose* (blog), October 22, 2014. https://web.archive.org/web/20141025020143/ http://blogs.microsoft.com/firehose/2014/10/22/microsoft-garage-expands-to-include-exploration-creation-of-cross-platform-consumer-apps.

第197頁 納德拉那時說：Lunden, Ingrid. "Microsoft Forms New AI Research Group Led by Harry Shum." TechCrunch. *TechCrunch*, September 29, 2016. https://techcrunch.com/2016/09/29/microsoft-forms-new-ai-research-group-led-by-harry-shum.

第203頁 現在你上YouTube還看得到：MasterBlackHat. "Steve Ballmer—Dance Monkey Boy!" YouTube, December 28,

2007. https://www.youtube.com/watch?v=edN4o8F9_P4.

第205頁 微軟這家公司內部其實原本就有利益衝突：Cornet, Manu. "Organizational Charts." Accessed October 7, 2019. http://bonkersworld.net/organizational-charts.

第207頁 二〇〇七年出版的著作《心態致勝》（*Mindset*）：Dweck, Carol S. *Mindset: The New Psychology of Success*. New York: Random House, 2007.

第207頁 「我們必須敞開心胸去聽別人的看法」：Bishop, Todd. "Exclusive: Satya Nadella Reveals Microsoft's New Mission Statement, Sees 'Tough Choices' Ahead." GeekWire. *GeekWire*, June 25, 2015. https://www.geekwire.com/2015/exclusive-satya-nadella-reveals-microsofts-new-mission-statement-sees-more-tough-choices-ahead.

第208頁 拿 Office 用在 iOS 裝置上面作示範：Kim, Eugene. "Microsoft CEO Satya Nadella Just Used an iPhone to Demo Outlook." *Business Insider*. Business Insider, September 16, 2015. https://www.businessinsider.com/microsoft-ceo-satya-nadella-used-iphone-2015-9.

第208頁 微軟由他監督進行了「多年來最大的改組」：Bass, Dina, and Ian King. "Microsoft Unveils Biggest Reorganization in Years." *Bloomberg*. Bloomberg, March 29, 2018. https://www.bloomberg.com/news/articles/2018-03-29/microsoft-unveils-biggest-reorganization-in-years-as-myerson-out.

第208頁 「我們不可以坐視組織之間的壁壘阻擋我們為顧客作創新」：Nadella, Satya. "Satya Nadella Email to Employees: Embracing Our Future: Intelligent Cloud and Intelligent Edge." Microsoft News Center, March 29, 2018. https://news.microsoft.com/2018/03/29/satya-nadella-email-to-employees-embracing-our-future-intelligent-cloud-and-intelligent-edge.

第208頁 微軟在二〇一六年以兩百六十億美元買下領英時：Lunden, Ingrid. "Microsoft Officially Closes Its $26.2B Acquisition of LinkedIn." TechCrunch. *TechCrunch*, December 8, 2016. https://techcrunch.com/2016/12/08/microsoft-officially-closes-its-26-2b-acquisition-of-linkedin/.

第209頁 領英的營收：Warren, Tom. "Microsoft' s Bets on Surface, Gaming, and LinkedIn Are Starting to Pay Off." *Verge*. Vox, April 26, 2018. https://www.theverge.com/2018/4/26/17286900/microsoft-q3- 2018-earnings-cloud-surface-linkedin-revenue.

第211頁 納德拉本人其實也在收信的群組裡面：Gershgorn, Dave. "Amid Employee Uproar, Microsoft Is Investigating Sexual Harassment Claims Overlooked by HR." *Quartz*. Quartz, April 4, 2019. https://qz.com/1587477/microsoft-

investigating-sexual-harassment-claims-overlooked-by-hr/.
第213頁 如今已經破兆：$1 trillion market cap as of October 2019.

第六章 照一下黑鏡

第216頁 科幻影集《黑鏡》（*Black Mirror*）二〇一一年推出：Brooker, Charlie. "Charlie Brooker: The Dark Side of Our Gadget Addiction." *Guardian*. Guardian, December 1, 2011. https://www.theguardian.com/technology/2011/dec/01/charlie-brooker-dark-side-gadget-addiction-black-mirror.

第216頁 「我天生就愛擔心這，擔心那的。」："Charlie Brooker on Black Mirror vs Reality | Good Morning Britain." *Good Morning Britain*. YouTube, October 30, 2018. https://www.youtube.com/watch?v=Na-ZIwy1bNI.

第216頁 中國不就已經實施社會評分制度：Bruney, Gabrielle. "A 'Black Mirror' Episode Is Coming to Life in China." *Esquire*. Esquire, March 17, 2018. https://www.esquire.com/news-politics/a19467976/black-mirror-social-credit-china.

第217頁 「身體構造屬於隱私的部位」放進一頭死豬的嘴裡：Ashcroft, Michael, and Isabel Oakeshott. "David Cameron, Drugs, Debauchery and the Making of an Extraordinary Prime Minister." *Daily Mail Online*. Associated Newspapers, September 21, 2015. https://www.dailymail.co.uk/news/article-3242504/Drugs-debauchery-making-extraordinary-Prime-Minister-years-rumours-dogged-truth-shockingly-decadent-Oxford-days-gifted-Bullingdon-boy.html.

第220頁 被「新美國基金會」（New America Foundation）掃地出門：Vogel, Kenneth P. "Google Critic Ousted from Think Tank Funded by the Tech Giant." *New York Times*. New York Times, August 30, 2017. https://www.nytimes.com/2017/08/30/us/politics/eric-schmidt-google-new-america.html.

第220頁 這期間報紙廣告營收："Trends and Facts on Newspapers: State of the News Media." Pew Research Center's Journalism Project. Pew Research Center, July 9, 2019. https://www.journalism.org/fact-sheet/newspapers.

第221頁 美國報界的新聞業招聘率從二〇〇八年到二〇一八年總計下降了百分之四十七：Grieco, Elizabeth. "U.S. Newsroom Employment Has Dropped a Quarter since 2008, with Greatest Decline at Newspapers." Pew Research Center, July 9, 2019. https://www.pewresearch.org/fact-tank/2019/07/09/u-s-newsroom-employment-has-dropped-by-a-quarter-since-2008.

第222頁 一百五十三位人工智慧教授離開學術界：Metz, Cade. "When the A.I. Professor Leaves, Students Suffer, Study

Says." *New York Times.* New York Times, September 6, 2019. https://www.nytimes.com/2019/09/06/technology/when-the-ai-professor-leaves-students-suffer-study-says.html.

第224頁「核心家庭的結構於統計資料上已經崩解了」：Matheson, Boyd. "Why Do We Hate Each Other? A Conversation with Nebraska Sen. Ben Sasse (Podcast)." Deseret News. Deseret News, October 17, 2018. https://www.deseret.com/2018/10/17/20656288/why-do-we-hate-each-other-a-conversation-with-nebraska-sen-ben-sasse-podcast.

第225頁說孤單寂寞已經算是「流行病」：Sasse, Ben. *Them: Why We Hate Each Other—and How to Heal.* New York: St. Martin's Press, 2018.

第225頁「我們已經習慣了連線才能給我們的那種持續不斷的社會刺激」：Turkle, Sherry. *Alone Together: Why We Expect More from Technology and Less from Each Other.* New York: Basic Books, 2012.

第225頁「信諾」（Cigna）於其研究孤單的報告中："Cigna U.S. Loneliness Index." Cigna, May, 2018, https://www.multivu.com/players/English/8294451-cigna-us-loneliness-survey/docs/IndexReport_1524069371598-173525450.pdf.

第226頁說他們「不信教」：Ravitz, Jessica. "Is the Internet Killing Religion?" *CNN.* CNN, April 9, 2014. http://religion.blogs.cnn.com/2014/04/09/is-the-internet-killing-religion/comment-page-6/.

第226頁「使用網路會降低加入宗教信仰的機會」：Downey, Allen. "*Religious Affiliation, Education and Internet Use.*" Religious Affiliation, Education and Internet Use, 2014.

第226頁在總人口當中上升到百分之二十三了：Shermer, Michael. "The Number of Americans with No Religious Affiliation Is Rising." Scientific American. *Scientific American*, April 1, 2018. https://www.scientificamerican.com/article/the-number-of-americans-with-no-religious-affiliation-is-rising.

第226頁兩億人加入：Kastrenakes, Jacob. "Facebook Adds New Group Tools as It Looks for 'Meaningful' Conversations." *Verge.* Vox, February 7, 2019. https://www.theverge.com/2019/2/7/18215564/facebook-groups-new-community-tools-mentorship.

第226頁在二〇二二年時將人數拉高到十億人：Ortutay, Barbara. "Facebook Wants to Nudge You into 'Meaningful' Online Groups." *AP News.* Associated Press, June 22, 2017. https://www.apnews.com/713f8f66e88b45828fd62b1693652ee7.

第227頁「祖克柏抓到了基督教領袖沒幾個人抓到的事」：Syverson, Andrea. "Commentary: Can Facebook

Replace Churches?" *Salt Lake Tribune.* Salt Lake Tribune, July 6, 2017. https://archive.sltrib.com/article.php?id=5479818&itype=CMSID.

第227頁 美國人的平均壽命：Kight, Stef W. "Life Expectancy Drops in the U.S. for Third Year in a Row." *Axios.* Axios, November 29, 2018. https://www.axios.com/united-states-life-expectancy-drops-6881f610-3ca0-4758-b637-dd9c02b237d0.html.

第227頁 死於濫用藥物："Drug and Opioid-Involved Overdose Deaths—United States, 2013–2017 | MMWR." Centers for Disease Control and Prevention, January 4, 2019. https://www.cdc.gov/mmwr/volumes/67/wr/mm675152e1.htm.

第227頁 死於自殺：Godlasky, Anne, and Alia E. Dastagir. "Suicide Rate up 33% in Less than 20 Years, Yet Funding Lags Behind Other Top Killers." *USA Today*. Gannett Satellite Information Network, December 21, 2018. https://www.usatoday.com/in-depth/news/investigations/surviving-suicide/2018/11/28/suicide-prevention-suicidal-thoughts-research-funding/971336002.

第227頁 「我們國家沒一處地方逃得過這樣的事」：Boddy, Jessica. "The Forces Driving Middle-Aged White People's 'Deaths of Despair.' " *NPR*. NPR, March 23, 2017. https://www.npr.org/sections/health-shots/2017/03/23/521083335/the-forces-driving-middle-aged-white-peoples-deaths-of-despair.

第227頁 失業率不到百分之四：Cox, Jeff. "September Unemployment Rate Falls to 3.5%, a 50-Year Low, as Payrolls Rise by 136,000." *CNBC*. CNBC, October 4, 2019. https://www.cnbc.com/2019/10/04/jobs-report---september-2019.html.

第229頁 《紐約客》（*The New Yorker*）雜誌給牛津教授尼克・伯斯特隆姆（Nick Bostrom）安上的封號：Khatchadourian, Raffi. "The Doomsday Invention." New Yorker. New Yorker, November 23, 2015. https://www.newyorker.com/magazine/2015/11/23/doomsday-invention-artificial-intelligence-nick-bostrom.

第230頁 他二〇一四年的暢銷書：Bostrom, Nick. *Superintelligence: Paths, Dangers, Strategies.* Oxford, UK: Oxford University Press, 2014.

第七章　未來的領袖

第235頁 「X理論」（Theory X）和「Y理論」（Theory Y）：McGregor, Douglas. *The Human Side of Enterprise*. New York: McGraw-Hill, 1960.

第236頁　拿它來說明日本在一九八〇年代經濟大好的情勢：Ouchi, William G. *Theory Z: How American Business Can Meet the Japanese Challenge*. New York: Avon, 1993.

第237頁　創立於一九四五年："About ILR." ILR School, Cornell University. Accessed October 6, 2019. https://www.ilr.cornell.edu/about-ilr.

第237頁　一長串狹窄的小屋子裡：ILR, Cornell. "Cornell University's ILR School: The Early Years." YouTube, November 18, 2015. https://www.youtube.com/watch?v=ED1DZQj2dBQ.

第239頁　二〇一八年亨利跟我說：Ricau, Pierre-Yves. "A Silent Meeting Is Worth a Thousand Words." *Square Corner Blog*. Medium, September 4, 2018.https://medium.com/square-corner-blog/a-silent-meeting-is-worth-a-thousand-words-2c7213b12fb6.

第241頁　在《紐約時報》寫過一篇特稿：Grant, Adam. "What Straight-A Students Get Wrong." *New York Times*. New York Times, December 8, 2018. https://www.nytimes.com/2018/12/08/opinion/college-gpa-career-success.html?module=inline.

第242頁　祖克柏就捐了一億美元：Hensley-Clancy, Molly. "What Happened to the $100 Million Mark Zuckerberg Gave to Newark Schools?" *BuzzFeed News*. BuzzFeed News, October 8, 2015. https://www.buzzfeednews.com/article/mollyhensleyclancy/what-happened-to-zuckerbergs-100-million.

第243頁　美聯社（*AP*：*Associated Press*）二〇一七年有一份調查報導寫道：Flaccus, Gillian, and Geoff Mulvihill. "Amid Booming Economy, Homelessness Soars on US West Coast." *Associated Press*. AP News, November 9, 2017. https://apnews.com/d480434bbacd4b028ff13cd1e7cea155.

第244頁　亞馬遜從二〇一六年起已經捐了一億三千萬美元：Feiner, Lauren. "Amazon Donates $8 Million to Fight Homelessness in HQ Cities Seattle and Arlington." *CNBC*. CNBC, June 11, 2019. https://www.cnbc.com/2019/06/11/amazon-donates-8-million-to-fight-homelessness-in-seattle-arlington.html.

第245頁　阿南德・葛德哈拉德斯（Anand Giridharadas）是這運動勇於發聲的一人：Giridharadas, Anand. *Winners Take All*. New York: Random House, 2019.

第245頁　亞馬遜還是預定要在維吉尼亞州蓋HQ2：Feiner, Lauren. "Amazon Will Get Up to $2.2 Billion in Incentives for Bringing New Offices and Jobs to New York City, Northern Virginia and Nashville." *CNBC*. CNBC, November 13, 2018. https://www.cnbc.com/2018/11/13/amazon-tax-incentives-in-new-york-city-virginia-and-nashville.html.

第245頁　亞馬遜卻強力反對：Semuels, Alana. "How Amazon Helped Kill a Seattle Tax on Business." *Atlantic*. Atlantic Media Company, June 13, 2018. https://www.theatlantic.com/technology/archive/2018/06/how-amazon-helped-kill-a-seattle-tax-on-business/562736.

第246頁　祖克柏計劃要拿出幾百億美元：Honan, Mat, and Alex Kantrowitz. "Mark Zuckerberg Has Baby and Says He Will Give Away 99% of His Facebook Shares." *BuzzFeed News*. BuzzFeed News, December 1, 2015. https://www.buzzfeednews.com/article/mathonan/mark-zuckerberg-has-baby-and-says-he-will-give-away-99-of-hi.

第247頁　亞馬遜的AI工具暗地使壞：Dastin, Jeffrey. "Amazon Scraps Secret AI Recruiting Tool That Showed Bias Against Women." *Reuters*. Thomson Reuters, October 9, 2018. https://www.reuters.com/article/us-amazon-com-jobs-automation-insight/amazon-scraps-secret-ai-recruiting-tool-that-showed-bias-against-women-idUSKCN1MK08G.

第252頁　羅伯・歐本海默（J. Robert Oppenheimer）：Ratcliffe, Susan. *Oxford Essential Quotations*. Oxford, UK: Oxford University Press, 2016.

第254頁　美國已有二十五家聯邦機構："NITAAC Solutions Showcase: Technatomy and UI Path." YouTube, March 29, 2019. https://youtu.be/IakpZK9q6ys.

國家圖書館出版品預行編目（CIP）資料

永遠都是第一天：五大科技巨擘如何因應變局、不斷創新、維繫霸業／艾歷克斯・坎卓維茨（Alex Kantrowitz）著；周慧譯 . -- 初版 . -- 臺北市：遠流出版事業股份有限公司，2021.01
288 面；14.8 × 21 公分
譯自：Always day one : how the tech titans plan to stay on top forever
ISBN　978-957-32-8923-4（平裝）

1. 企業經營　2. 科技業　3. 網路產業　4. 個案研究

494　　109019650

永遠都是第一天

五大科技巨擘如何因應變局、不斷創新、維繫霸業

作　　者：艾歷克斯・坎卓維茨（Alex Kantrowitz）
譯　　者：周慧
總監暨總編輯：林馨琴
資深主編：林慈敏
封面設計：張士勇
內頁排版：王信中
發行人：王榮文
出版發行：遠流出版事業股份有限公司
地址：100 台北市南昌路二段 81 號 6 樓
郵撥：0189456-1
電話：2392-6899　傳真：2392-6658
著作權顧問：蕭雄淋律師

2021 年 1 月 1 日　初版一刷
售價新臺幣 380 元
ISBN　978-957-32-8923-4

YLib.com 遠流博識網
http://www.ylib.com　E-mail:ylib@ylib.com

Always Day One : How the Tech Titans Plan to Stay on Top Forever

This edition published by arrangement with the Portfolio, an imprint of Penguin Publishing Group, a division of Penguin Random House LLC.
through Andrew Nurnberg Associates International Limited